高等学校计算机教育信息素养系列教材

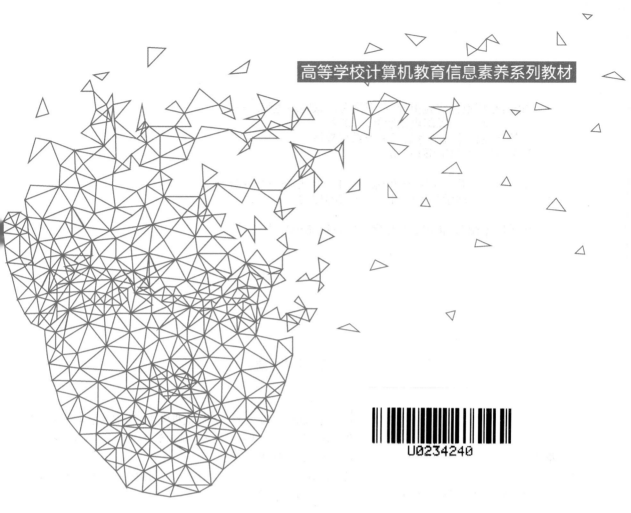

U0234240

C语言程序设计
实验指导

第 3 版

王洪海 张晓玲 / 主编
蔡文芬 吴其林 / 主审

人民邮电出版社
北 京

图书在版编目（ＣＩＰ）数据

C语言程序设计实验指导 / 王洪海，张晓玲主编. --
3版. -- 北京 ：人民邮电出版社，2022.3
高等学校计算机教育信息素养系列教材
ISBN 978-7-115-58186-0

Ⅰ．①C… Ⅱ．①王… ②张… Ⅲ．①C语言－程序设
计－高等学校－教学参考资料 Ⅳ．①TP312.8

中国版本图书馆CIP数据核字(2021)第251037号

内 容 提 要

本书是《C 语言程序设计（第 3 版）》的上机配套实训教材，用于上机实训。全书共分 4 部分，第
1 部分为 C 语言的上机环境及其基本操作，第 2 部分为主要实验内容，第 3 部分为上机实验参考答案，
第 4 部分为全国计算机等级考试二级 C 语言考试大纲及模拟试卷。

本书适合作为应用型本科高校学生及其他有学习 C 语言程序设计需求人员的实训教材或参考书，
也可供参加全国计算机等级考试（二级 C 语言）的读者选用。

- ♦ 主 编 王洪海 张晓玲
  主 审 蔡文芬 吴其林
  责任编辑 王 平
  责任印制 王 郁 陈 犇
- ♦ 人民邮电出版社出版发行　　　　北京市丰台区成寿寺路 11 号
  邮编 100164　电子邮件 315@ptpress.com.cn
  网址 https://www.ptpress.com.cn
  北京建宏印刷有限公司印刷
- ♦ 开本：787×1092　1/16
  印张：10　　　　　　　　　　2022 年 3 月第 3 版
  字数：227 千字　　　　　　　2024 年 9 月北京第 3 次印刷

定价：36.00 元

读者服务热线：**(010)81055256**　印装质量热线：**(010)81055316**
反盗版热线：**(010)81055315**
广告经营许可证：京东市监广登字 20170147 号

参编人员及合作单位

（排名不分先后）

主　审

　　　　蔡文芬　　吴其林

主　编

　　　　王洪海　　张晓玲

副主编

　　　　韦良芬　　陈自红
　　　　张步群　　李小荣
　　　　王占凤　　邢慧芬
　　　　叶海燕　　武　彬
　　　　夏云飞　　张倩敏
　　　　余程年　　杜梦丽
　　　　焦玉清　　杨　阳
　　　　王亚歌　　宋晓晓
　　　　赵启美　　胡保玲

合作单位

　　　　巢湖学院
　　　　安徽大学
　　　　安徽三联学院
　　　　合肥工业大学

第3版前言

C 语言是目前世界上最流行、使用最广泛的高级程序设计语言之一。许多大型应用软件都是用 C 语言编写的。由于 C 语言功能强、使用灵活、可移植性好、目标程序质量好，从而受到众多编程者的欢迎。

编者作为长期在一线的教学工作者，与众多优秀老师一起，于 2016 年编写并出版的《C 语言程序设计实验指导（第 2 版）》，至今已经走过 5 个年头。《C 语言程序设计实验指导（第 2 版）》得到了很多高校的专家、教师和学生的支持与关注，他们提出了很多宝贵的建议和意见。为了全面贯彻党的二十大精神关于"教育、科技、人才是全面建设社会主义现代化国家的基础性、战略性支撑"这一理念，落实立德树人根本任务，我们在前两版教材基础上，结合应用型本科高校人才培养的需求，重新优化了教材中的部分内容，并最终形成了《C 语言程序设计实验指导（第 3 版）》。

此书作为安徽省一流本科教材《C 语言程序设计（第 3 版）》的上机配套实训教材，本书在内容上把原来的上机环境由 Turbo C2.0 替换成了现在主流的 Visual C++ 6.0 集成开发环境，并在实验项目上进行了优化与精简。

本书有幸邀请到安徽三联学院校党委委员、副校长蔡文芬教授，巢湖学院信息工程学院副院长吴其林教授担任主审，他们分别从教材内容的思想性与科学性上予以把关。本书由巢湖学院王洪海、安徽三联学院张晓玲两位老师共同担任主编，参与编写工作的副主编有：韦良芬、陈自红、张步群、李小荣、王占凤、邢慧芬、叶海燕、武彬、夏云飞、张倩敏、余程年、杜梦丽、焦玉清、杨阳、王亚歌、宋晓晓、赵启美、胡保玲。全书由王洪海统稿并定稿。

另外，本书的出版也得到了巢湖学院、安徽三联学院等单位领导的大力支持与帮助，合肥工业大学郑利平教授、安徽大学何舒平教授对新版教材中的部分实验内容给出了很好的修改建议，在此一并表示衷心的感谢！

由于编者水平有限，书中难免存在疏漏和不妥之处，敬请广大读者批评指正。

编　者

2022 年 11 月

目　录

第 1 部分　C 语言的上机环境及其基本操作

第 2 部分　主要实验内容

第 3 部分　上机实验参考答案

第 4 部分　全国计算机等级考试二级 C 语言考试大纲及模拟试卷

第 1 部分

C 语言的上机环境及其基本操作

- 第 1 章　Visual C++ 6.0 集成开发环境
- 第 2 章　C 语言上机的基本操作

第 1 章
Visual C++ 6.0集成开发环境

Visual C++是微软公司的重要产品 Visual Studio 工具集的重要组成部分，它提供了一个集源程序编辑、代码编译和调试于一体的可视化开发环境，即所谓的集成开发环境（integrated development environment，IDE）。它包含文本编辑器、资源编辑器、工程编译工具、源代码浏览器、集成调试工具，以及一套联机文档。开发环境是程序员同 Visual C++ 的交互界面。通过它，程序员可以完成创建、调试、修改应用程序等的各种操作，程序员对集成开发环境的熟悉程度直接影响到程序设计的效率。集成开发环境采用标准的多窗口 Windows 用户界面，并增加了一些新特性，使得开发环境更易于使用，程序员将很容易地学会它的使用方法。Visual C++ 6.0 是微软公司推出的 Visual C++开发工具的 6.0 版本，它不仅支持 Internet 特性，还增加了 ADO（ActiveX Data）数据绑定、活动模板库（active template library，ATL）复合控件、编辑和继续特性等，程序员可以充分利用 Visual C++ 6.0 的这些特性，构建自己的 Windows 应用程序。

由于 Visual C++是一个可视化的开发工具，在介绍 Visual C++ 6.0 的各个组成部分之前，首先了解一下可视化编程的概念。可视化技术是当前发展迅速并引人注目的技术之一，它的特点是把原来抽象的数字、表格、功能逻辑等用直观的图形、图像形式表现出来。可视化编程，亦即可视化程序设计，以"所见即所得"的编程思想为原则，力图实现编程工作的可视化，即随时可以看到结果，程序与结果的调整同步。可视化编程是与传统的编程方式相比而言的，这里的"可视"指的是无需编程，仅通过直观的操作方式即可完成界面的设计工作，是目前最好的 Windows 应用程序开发工具。这种可视化的编程方法易学易用，而且大大提高了工作效率。Visual C++ 6.0 提供了大量的用于可视化编程的资源编辑工具。

1.1 Visual C++ 6.0 集成开发环境的启动

在计算机上安装完 Visual C++ 6.0 应用程序后，可以选择以下两种方式启动。

（1）单击 Windows 的"开始"菜单，选择"程序"组下 Microsoft Visual Studio 6.0 子菜单下的 Microsoft Visual C++ 6.0，启动 Visual C++ 6.0。

（2）单击 Windows 的"开始"菜单，选择"运行"，输入 msdev，即可启动 Visual C++ 6.0。Visual C++ 6.0 启动后的界面如图 1.1 所示。

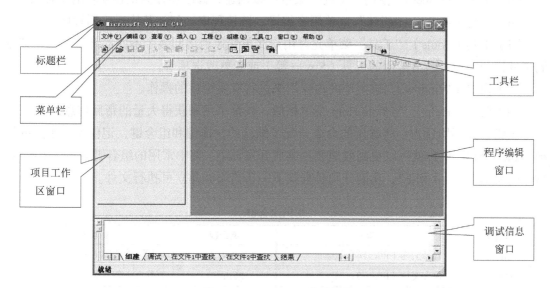

图 1.1　Visual C++ 6.0 启动界面

Visual C++ 6.0 是一个 Windows 应用程序，启动后显示一个标准的窗口，由标题栏、菜单栏、工具栏、项目工作区窗口、程序编辑窗口、输出窗口组成。主窗口的左侧是项目工作区窗口，右侧是程序编辑窗口，下面是调试信息窗口。项目工作区窗口显示所设定的工作区的信息，程序编辑窗口用来输入和编辑源程序，调试信息窗口用来显示程序出错信息和结果有无错误（errors）或警告（warnings）。

1.2 | Visual C++ 6.0 集成开发环境的使用

1.2.1　菜单栏

在 Visual C++ 6.0 集成开发环境中，标题栏下方是菜单栏，由 9 个菜单项组成。单击菜单项弹出下拉式菜单，可使用这些菜单项实现集成环境的各种功能。菜单选项及其功能介绍如下。

（1）文件（File）。"文件"菜单包括对文件、项目、工作区及文档进行文件操作的相关命令或子菜单。

（2）编辑（Compile）。"编辑"菜单不仅包括常用的剪切、复制、粘贴命令，还包括为调试程序设置的"断点"命令，实现设置、删除、查看断点。此外，还有为方便程序员输入源代码的 List Members、Type Info 等命令。

（3）查看（View）。"查看"菜单中的命令主要用于改变窗口和工具栏的显示方式、检查源代码、激活调试时所用的各个窗口等。

（4）插入（Insert）。"插入"菜单包括创建新类、新表单、新资源以及新的 ATL 对象等命令。

（5）工程（Project）。使用"工程"菜单可以创建、修改和存储正在编辑的工程文件。

（6）组建（Build）。"组建"菜单用来编译、链接程序，创建及执行应用程序。

（7）工具（Tools）。"工具"菜单允许用户简单快速地访问多个不同的开发工具，如定制工具栏与菜单、激活常用的工具（Spy++等）或者更改选项等。

（8）窗口（Window）。该菜单的命令用来进行有关窗口的操作。

（9）帮助（Help）。与标准 Help 菜单相似，该菜单用来获得大量的帮助信息。

集成开发环境还为一些常用的命令分配了默认的快捷键和组合键，记住这些常用的快捷键和组合键，用户就可以更高效地使用集成开发环境。其中常用的组合键如表 1-1 所示。常用的快捷键有 F4 和 F7，功能分别是查找下一条错误和建立可执行文件。

表 1-1　　　　　　　　　　　　　常用组合键

组合键	功能	组合键	功能
Ctrl+O	打开文件（File→Open）	Ctrl+Z	编辑取消（Edit→Undo）
Ctrl+S	保存文件（File→Save）	Shift+F4	查找上一条错误
Ctrl+C	编辑复制（Edit→Copy）	Ctrl+F5	运行（Execute）
Ctrl+X	编辑剪切（Edit→Cut）	Ctrl+F6	打开下一个窗口
Ctrl+V	编辑粘贴（Edit→Paste）	Alt+Enter	查看对象属性
Ctrl+F	编辑查找（Edit→Find）		

1.2.2　工具栏

菜单栏下方是工具栏。它由若干个功能按钮组成，单击按钮可实现某种操作功能。工具栏也是 IDE 的重要组成部分，主要列出在代码开发过程中经常用到的一些功能，具有直观和快捷的特点。用户熟练使用这些工具按钮将大大提高工作效率。Visual C++ 6.0 开发环境提供了丰富的工具栏。这些工具栏并不都显示在开发环境中，可以在工具栏上任意位置右击，在弹出的快捷菜单中选择要显示的工具栏，如图 1.2 所示。

图 1.2　工具栏快捷菜单

下面介绍三个常用的工具栏。

1. 标准工具栏

标准（Standard）工具栏用于维护和编辑工作区的文本和文件，如图 1.3 所示。

图 1.3　标准工具栏

标准工具栏中各命令按钮的功能说明如表 1-2 所示。

表 1-2　　　　　　　　　　标准工具栏中各命令按钮的功能说明

命令按钮	功能说明
	创建一个新的文件、项目和工作区
	打开一个已存在的文件、项目和工作区
	保存当前打开的文件
	保存所有打开的文件
	将所选择的内容剪切掉，移到剪贴板中
	将所选内容复制到剪贴板中
	在当前位置粘贴剪贴板中最新的内容
	取消上一次的操作
	恢复被取消的操作
	激活工作区窗口，用来管理工程中的文件和资源
	激活输出窗口，用来显示编译、调试和查找的信息
	管理当前打开的窗口
	在所有窗口中查找指定字符串
fg	在当前窗口中查找指定字符串
	调用 MSDN

2. 编译微型条工具栏

编译微型条（Build MiniBar）工具栏用于运行程序和调试程序，如图 1.4 所示。

图 1.4　编译微型条工具栏

编译微型条工具栏中各命令按钮的功能说明如表 1-3 所示。

表 1-3　　　　　　　　　　编译微型条工具栏中各命令按钮的功能说明

命令按钮	功能说明
	用于编译当前在源代码编辑窗口中的源文件
	用于编译、连接当前工程中的文件，生成一个可执行文件

续表

命令按钮	功能说明
	终止编译或连接的程序
！	运行程序
	开始或继续调试程序
	编辑程序中的断点

3．调试工具栏

调试工具栏用于调试程序，如图 1.5 所示。

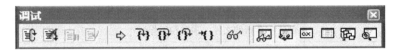

图 1.5　调试工具栏

调试工具栏（Debug）中各命令按钮的功能说明如表 1-4 所示。

表 1-4　　　　　　　　　　调试工具栏中各命令按钮的功能说明

命令按钮	功能说明
	放弃当前的调试，重新开始调试
	终止调试，返回到编辑状态
	暂停调试
	改编代码后调试
	显示将要运行的代码行
	单步执行程序，进入到函数内部
	单步执行程序，不进入到函数内部
	跳出当前函数
	运行到光标
	弹出 Quick Watch 窗口
	显示/隐藏 Watch 窗口
	显示/隐藏 Variables 窗口
	显示/隐藏 Registers 窗口
	显示/隐藏 Memory 窗口
	显示/隐藏 Call Stack 窗口
	显示/隐藏 Disassembly 窗口

1.2.3　项目和项目工作区

Visual C++应用程序的核心是项目（Project，也称"工程"），它通常位于项目工作区
（Workspace）中。Visual C++的项目工作区可以容纳多个项目。

1. 项目

在 Visual C++集成开发环境中，可以通过选择"文件"→"新建"菜单命令，打开"新建"对话框来创建一个新的项目。这个项目可以是一个游戏程序，或者是其他的应用程序。项目名是项目中其他文件命名的基础，它的后缀名为.dsp（Developer Studio Project）。"新建"对话框的"工程"选项卡的内容如图 1.6 所示。

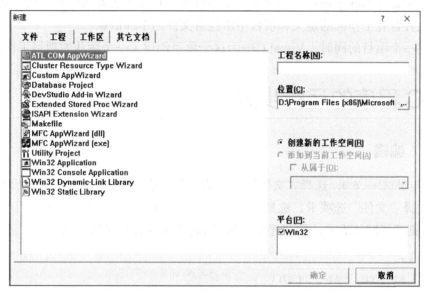

图 1.6 "新建"对话框的"工程"选项卡

可供选择的工程类型名称及含义如表 1-5 所示。

表 1-5 工程类型名称及含义

类型	含义
ATL COM AppWizard	ATL 应用程序创建向导
Cluster Resource Type Wizard	簇资源类型创建向导
Custom AppWizard	自定义的应用程序创建向导
Database Project	数据库工程
DevStudio Add-in Wizard	插件创建向导
Extended Stored Proc Wizard	扩展存储编程创建向导
ISAPI Extension Wizard	扩展创建向导
Makefile	C/C++生成文件
MFC AppWizard(exe)	MFC 可执行程序创建向导
MFC AppWizard(dll)	MFC 动态链接库创建向导
Utility Project	单元工程
Win32 Application	Win32 应用程序
Win32 Console Application	Win32 控制台应用程序
Win32 Dynamic-Link Library	Win32 动态链接库
Win32 Static Library	Win32 静态库

需要注意的是，要建立一个扩展名是.c 的程序文件，在"工程"选项卡中要选择 Win32 Console Application。Win32 Console Application 的入口函数是 main 函数。

2．项目工作区

在创建一个项目的同时，也创建了一个项目工作区。项目工作区文件的后缀名为.dsw（Developer Studio Workspace）。通过项目工作区窗口可以查看和访问项目的各种组件。项目工作区文件含有工作区的定义和项目中所包含文件的全部信息。

在创建一个项目的同时，Visual C++为这个项目创建了一个默认的项目工作区。

1.3 C 程序的运行步骤

1.3.1 编辑

启动 Visual C++ 6.0，选择"文件"→"新建"菜单命令，出现图 1.7 所示的"新建"对话框。选择"文件"选项卡，选择 C++ Source File 文件类型，输入程序名（程序的扩展名是.c，否则系统默认为 C++源程序的扩展名.cpp）及保存程序的目录。

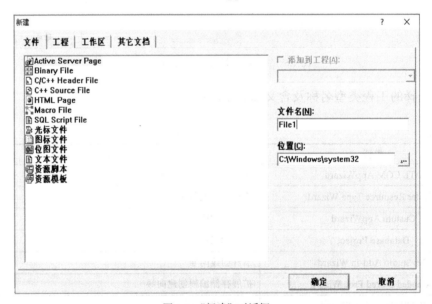

图 1.7 "新建"对话框

> **注意**
>
> 输入文件名时要指定文件名的扩展名为.c，如果输入的文件名为*.cpp，则表示要建立的是 C++源程序。如果不写后缀，系统会默认指定为 C++源程序文件，自动加上扩展名.cpp，因此，编写 C 语言程序不能省略扩展名.c。

"文件"选项卡中显示出可创建的文件类型名称及含义，如表 1-6 所示。

表 1-6   文件类型名称及含义

类型	含义
Active Server Page	服务器页文件
Binary File	二进制文件
Bitmap File	位图文件
C/C++ Header File	C/C++头文件
C++Source File	C++源程序文件
Cursor File	光标文件
HTML Page	HTML 页文件
Icon File	图标文件
Macro File	宏文件
Resource Script	资源脚本文件
Resource Template	资源模板文件
SQL Script File	SQL 脚本文件
Text File	文本文件

单击"确定"按钮，出现图 1.8 所示的 VC++ 6.0 编辑窗口，在此窗口中输入 C 程序，如图 1.8 所示。

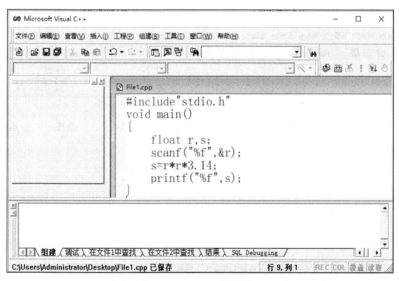

图 1.8   VC++ 6.0 编辑窗口

1.3.2   编译

在 VC++ 6.0 环境中，选择"组建"菜单下的"编译"菜单项，如图 1.9 所示，对 C 语言的源程序进行编译，并生成扩展名为.OBJ 的目标文件。

编译时，在屏幕下方的调试信息窗口中将显示出编译的结果，指出有多少错误（errors）和警告（warnings）。用户可以根据显示的错误信息所在的行号尽快找到错误语句，修改程序，然后再编译。

图 1.9　"编译"命令

对程序进行"编译"还可以使用系统提供的"编译微型条"工具栏。在系统提供的"编译微型条"工具栏上，包括经常使用的"编译""连接""运行"等功能按钮，如图 1.10 所示。

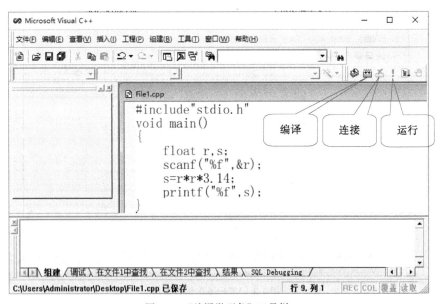

图 1.10　"编译微型条"工具栏

程序第一次编译会弹出一个窗口，要求创建一个默认的工作区，如图 1.11 所示。

图 1.11　编译时弹出的窗口

┃提示┃

如果创建程序之前已经建立了项目工作区，则不会出现这个对话框。

单击"是"按钮，表示同意由系统建立默认的项目工作区。

对图 1.8 窗口中的程序进行编译后，在屏幕下方的调试信息窗口中将产生编译结果，如图 1.12 所示。

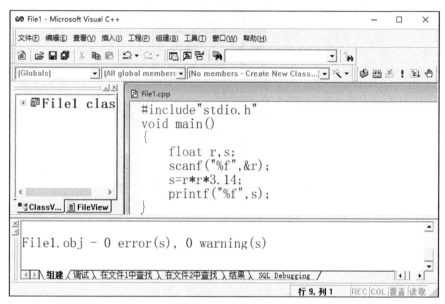

图 1.12　编译后的"调试"窗口

编译系统能检查程序中的语法错误。语法错误分为两类：一类是致命错误，以 error 表示，如果程序有这类错误，编译就通不过，无法形成目标程序，更谈不上运行了；另一类是轻微错误，以 warning 表示，这类错误不影响生成目标程序和可执行程序，但有可能影响运行的结果，也应当被改正，使程序：0 error(s)，0 warning(s)。

本结果说明源程序没有任何错误，已经通过了编译，可以进行"连接"了。

1.3.3　连接

在 VC++ 6.0 环境中，选择"组建（B）"菜单下的"组建"菜单项，或使用"编译微型条"工具栏上的"连接"按钮，对 C 语言的目标文件进行连接，并生成扩展名为.EXE 的可执行文件。

1.3.4　运行

在 VC++ 6.0 环境中，选择"组建（Build）"菜单下的"执行（Execute）"菜单项，或使用"编译微型条"工具栏上的"运行"按钮，运行程序。

1.3.5　关闭工作区

如果要继续编写下一个程序，必须关闭工作区。关闭工作区的方法为：选择"文件"

菜单的"关闭工作区"菜单项，如图 1.13 所示。然后执行"文件"菜单下的"新建"菜单项，新建源程序。

图 1.13　"文件"菜单的"关闭工作区"命令

第2章
C 语言上机的基本操作

2.1 实验基本步骤

上机实验主要是培养、训练和提高学生的程序设计能力和程序调试能力。在 C 语言程序设计的每个实验中，除了对程序设计提出要求之外，对程序的调试方法也提出具体的要求，这样就可以逐步培养学生的静态调试和动态调试能力，以及根据错误信息分析、判断、改正错误的能力。通过上机，还可以加深学生对课堂讲授内容的理解，熟悉程序的开发环境，学习计算机系统的操作方法等。

上机实验一般包括上机前的准备（编程）、上机调试运行和实验后的总结 3 个步骤。

1. 上机前的准备

根据问题进行分析，选择适当的算法并编写程序。上机前一定要仔细检查程序（称为静态检查），直到找不到错误（包括语法和逻辑错误）。分析可能遇到的问题及解决的对策。准备几组测试程序的数据和预期的正确结果，以便发现程序中可能存在的错误。

2. 上机输入和编辑程序，并调试运行程序

首先调用 C 语言集成开发环境，输入并编辑事先准备好的源程序。然后调用编译程序对源程序进行编译，查找语法错误，若存在语法错误，重新进入编辑环境，改正后再进行编译，直到通过编译，得到目标程序（扩展名为.obj）。下一步是调用连接程序，产生可执行程序（扩展名为.exe）。使用预先准备的测试数据运行程序，观察是否能得到预期的正确结果。若有问题，则仔细调试，排除各种错误，直到得到正确结果。在调试过程中，要充分利用 C 语言集成开发环境提供的调试手段和工具，如单步跟踪、设置断点、监视变量值的变化等。整个过程读者应自己独立完成，学会独立思考，勤于分析，通过自己实践得到的经验用起来才更加得心应手。

3. 整理上机实验结果，写出实验报告

实验结束后，要整理实验结果并认真分析和总结，根据教师要求写出实验报告。书写实验报告是整个实验过程的一个重要环节。通过写报告，读者可以对整个实验做一个总结，不断积累经验，提高程序设计和调试的能力，同时还可以提高写作能力。

2.2 实验报告基本内容

完整的 C 语言程序设计实验报告至少要包含以下两个方面的内容。

1. 实验目的

实验的目的就是深入理解和掌握课程教学中的有关基本概念，应用基本技术解决实际问题，从而进一步提高分析问题和解决问题的能力。因此，在着手做实验之前，必须明确实验的目的，以保证达到课程的基本要求。

2. 实验内容

每个实验都安排了几个实验题目，如果事先做好准备，则每个实验大约两节课能做完。每个实验题目都提出了具体要求。

当然，有的实验报告中还包含算法、流程图及主要符号说明，完整的程序清单，输入数据及运行结果，分析与思考等内容。

2.3 程序调试的方法

程序设计者不仅要会编写程序，还要上机调试程序。初学者编写的程序往往不是一次就能顺利通过，即使一个有经验的程序员也常会出现某些疏忽。上机的目的不仅是验证程序的正确性，还要掌握程序调试的技术，提高动手能力。程序的调试具有很强的技术性和经验性，其效率高低在很大程度上依赖于程序设计者的经验。有经验的人很快就能发现错误，而初学者调试好一个程序所花费的时间往往比编写程序还多。调试程序的经验固然可以借鉴他人的，但更重要的是靠自己的实践来积累。调试程序是程序设计课程的一个重要环节，上机之前要做好程序调试的准备工作。程序调试的准备工作包括熟悉程序的运行环境和各个程序设计阶段为程序调试所做的准备。

2.3.1 上机前要先熟悉程序运行的环境

一个 C 语言源程序总是在一定的硬件和软件环境支持下进行编辑、编译、连接和运行的，而这其中的每一步都直接影响程序调试的效率。所以初学者必须了解所使用的计算机系统的基本操作方法，学会使用该系统，了解在该系统上如何编辑、编译、连接和运行一个 C 语言程序。上机时需要输入和修改程序，不同的操作系统提供的编辑程序是不同的。如果对编辑程序的基本功能和操作不熟悉，就很难使用好这个工具，那么在输入和修改程序中就会遇到很多困难，往往越改越乱，甚至因为不存盘的误操作而使修改、调试的工作前功尽弃。更有甚者，由于对操作系统或编辑程序的操作命令不熟悉而误删了正在调试或已经调试好的程序，这样只得重新输入、调试，浪费了许多时间。所以，在上机调试之前，必须认真了解程序运行的环境，了解常用的一些操作命令，这样上机调试程序时效率就会大大提高。

2.3.2　程序设计过程中要为程序调试做好准备

1．采用模块化、结构化方法设计程序

所谓模块化就是将一个大任务分解成若干个较小的部分，每一部分承担一定的功能，称为"功能模块"。各个模块可以由不同的人编写程序，并分别进行编译和调试，这样可以在相对较小的范围内确定出错误，较快地改正错误并重新编译。不要将全部语句都写在 main 函数中，而要多利用函数，用一个函数完成一个单一的功能。这样既便于阅读，也便于调试。反之，如果用一个函数写出来，不仅增加了程序的复杂度，而且在调试时很难确定错误所在，即使找到了错误，修改起来也很麻烦，有时为改正一个错误有可能引起新的错误。

2．编程时要为调试程序提供足够的灵活性

程序设计是针对具体的问题，但同时应充分考虑程序调试时可能出现的各种情况，在编写程序时要为调试中临时修改、选择输入数据的形式、个数，改变输出形式等情况提供尽可能高的灵活性。要做到这一点，必须使程序具有通用性。一方面，在选择和设计算法时要使其具有灵活性；另一方面，数据的输入要灵活，可以采用交互式输入数据。例如，排序算法、求和、求积分算法的数据个数都可以通过应答程序的提问来确定，从而为程序的调试带来方便。

3．对复杂的程序设置必要的断点

根据程序调试的需要，可以通过设置"分段隔离""设置断点""跟踪打印"来调试程序。这样调试程序时查找问题就会迅速、容易。为了判断程序是否正常执行，观察程序执行路径和中间结果的变化情况，可以在适当的地方打印出必要的中间结果，通过这些中间结果可以观察程序的执行情况。调试结束后再将断点、打印中间结果的语句删掉。

4．要精心准备调试程序所用的数据

这些数据包括程序调试时要输入的具有典型性和代表性的数据及相应的预期结果。例如，选取适当的数据保证程序中每条可能的路径都至少执行一次，并使得每个判定表达式中条件的各种可能组合都至少出现一次。要选择"边界值"，即选取刚好等于、稍小于、稍大于边界值的数据。经验表明，处理边界情况时程序最容易发生错误，如许多程序错误出现在下标、数据结构和循环等的边界附近。通过对这些数据的验证，可以看到程序在各种可能条件下的运行情况，发现程序可能出现的错误，从而提高程序的可靠性。

2.3.3　调试程序的方法与技巧

程序调试主要有两种方法：静态调试和动态调试。静态调试就是在程序编写完以后，由人工"代替"或"模拟"计算机，对程序进行仔细检查，主要检查程序中的语法规则和逻辑结构的正确性。实践表明，有很大一部分错误可以通过静态检查来发现。静态调试可以大大缩短上机调试的时间，提高上机的效率。动态调试就是实际上机调试，它贯穿在编译、连接和运行的整个过程中。根据程序编译、连接和运行时计算机给出的错误信息进行调试，这是程序调试中最常用的方法，也是最初步的动态调试。在此基础上，通过"分段隔离""设置断点""跟踪打印"进行程序的调试。实践表明，对于查找某些类型的错误来说，静态调试比动态调试更有效；对于其他类型的错误来说刚好相反。因此静态调试和动态调试是互相补充、相辅相成的，缺少其中任何一种方法都会使查找错误的效率降低。

1．静态调试

（1）对程序语法规则进行检查

① 语句正确性检查。保证程序中每个语句的正确是编写程序时的基本要求。由于程序中包含大量的语句，书写过程中由于疏忽或笔误，语句写错在所难免。对程序语句的检查应注意以下几点。

- 检查每个语句的书写是否有字符遗漏，包括必要的空格符是否都有。
- 检查形体相近的字符是否书写正确，如小写字母 o 和数字 0，书写时要有明显的分别。
- 检查函数调用时形参和实参的类型、个数是否相同。

② 语法正确性检查。每种计算机语言都有自己的语法规则，书写程序时必须遵守一定的语法规则，否则编译时程序将给出错误信息。

- 语句的配对检查。许多语句都是配对出现的，不能只写半个语句。另外，语句有多重括号时，每个括号也都应成对出现。
- 注意检查语句顺序。有些语句不仅句法本身要正确，而且语句在程序中的位置也必须正确。例如，变量定义要放在所有可执行语句之前。

（2）检查程序的逻辑结构

① 检查程序中各变量的初值和初值的位置是否正确。我们经常遇到的是"累加""累乘"变量，其初值和位置都非常重要。用于累加的变量应取 0 初值或给定的初值。因为累加或累乘都是通过循环结构来实现的，因此这些变量赋初值语句应在循环体之外。对于多重循环结构，内循环体中的变量赋初值语句应在内循环之外；外循环体中的变量赋初值语句应在外循环之外。如果赋初值的位置放错了，那么将得不到预想的结果。

② 检查程序中分支结构是否正确。程序中的分支结构都是根据给定的条件来决定执行不同的路径，因此，在设置各条路径的条件时一定要谨慎，在设置"大于""小于"这些条件时，一定要仔细考虑是否应该包括"等于"这个条件，更不能把条件写反。尤其要注意的是，实型数据在运算过程中会产生误差，如果用"等于"或"不等于"对实数的运算结果进行比较，则会因为误差而产生误判断，路径选择也就错了。因此，在遇到以判断实数 a 与 b 相等与否作为条件来选择路径时，应该把条件写成：if (fabs(a-b)<=1e-6)，而不应该写成 if (a==b)。要特别注意条件语句嵌套时，if 和 else 的配对关系。

③ 检查程序中循环结构的循环次数和循环嵌套的正确性。C 语言中可用 for 循环、while 循环、do-while 循环。在给定循环条件时，不仅要考虑循环变量的初始条件，还要考虑循环变量的变化规律、循环变量变化的时间，任何一个变化都会引起循环次数的变化。

④ 检查表达式的合理与否。程序中不仅要保证表达式的正确性，而且还要保证表达式的合理性。尤其要注意表达式运算中的溢出问题，运算数值可能超出整数范围就不应该采用整型运算，否则必然导致运算结果的错误。两个相近的数不能相减，以免产生"下溢"。

更要避免在一个分式的分母运算中发生"下溢",因为编译系统常把下溢做零处理。因此,分母中出现下溢时会产生"被零除"的错误。

由于表达式不合理而引起的程序运行错误往往很难查找,会增加程序调试的难度。因此,认真检查表达式的合理性,是减少程序运行错误,提高程序动态调试效率的重要方面。

程序的静态调试是程序调试非常重要的一步。初学者应培养自己静态检查的良好习惯,在上机前认真做好程序的静态检查工作,从而节省上机时间,使有限的机时充分发挥作用。

2. 动态调试

在静态调试中可以发现和改正很多错误,但由于静态调试的特点,有一些比较隐蔽的错误还不能检查出来。只有上机进行动态调试,才能够找到这些错误并改正它们。

(1)编译过程中的调试

编译过程除了将源程序翻译成目标程序外,还要对源程序进行语法检查。如果发现源程序有语法错误,系统将显示错误信息。用户可以根据这些提示信息查找出错误性质,并在程序中出错之处进行相应的修改。有时我们会发现编译时有几行错误信息都是一样的,检查这些行本身并没有发现错误,这时要仔细检查与这些行有关的名字、表达式是否有问题。例如,如果程序中数组说明语句有错,这时,那些与该数组有关的程序行都会被编译系统检查出错。这种情况下,用户只要仔细分析一下,修改了数组说明语句的错误,许多其他错误就会同时消失。对于编译阶段的调试,要充分利用屏幕给出的错误信息,对它们进行仔细分析和判断。只要注意总结经验,使程序通过编译是不难做到的。

(2)连接过程的调试

编译通过后要进行连接。连接的过程也具有查错的功能,它将指出外部调用、函数之间的联系及存储区设置等方面的错误。如果连接时有这类错误,编译系统也会给出错误信息,用户要对这些信息仔细判断,从而找出程序中的问题并改正。连接时较常见的错误有以下几类。

① 某个外部调用有错。通常系统明确提示了外部调用的名字,只要仔细检查各模块中与该名有关的语句,就不难发现错误。

② 找不到某个库函数或某个库文件。这类错误是由于库函数名写错、疏忽了某个库文件的连接等。

③ 某些模块的参数超过系统的限制,如模块的大小、库文件的个数超出要求等。引起连接错误的原因很多,而且很隐蔽,给出的错误信息也不如编译时给出的直接、具体。因此,连接时的错误要比编译错误更难查找,需要仔细分析、判断,而且对系统的限制和要求要有所了解。

(3)运行过程中的调试

运行过程中的调试是动态调试的最后一个阶段。这一阶段的错误大体可分为两类。

① 运行程序时给出出错信息。运行时出错多与数据的输入/输出格式有关,与文件的操作有关。如果给出数据格式有错,这时要对有关的输入/输出数据格式进行检查,一般容

易发现错误。如果程序中的输入/输出函数较多，则可以在中间插入调试语句，采取分段隔离的方法，很快就可以确定错误的位置。如果是文件操作有误，也可以针对程序中的有关文件操作采取类似的方法进行检查。

② 运行结果不正常或不正确。

2.4 | C 语言调试运行操作中的常见错误

1. 源程序错误信息的分类

C 语言编译程序查出的源程序错误分为 3 类：严重错误、一般错误和警告。

（1）严重错误（fatal error）：很少出现，它通常是内部编译出错。在发生严重错误时，编译立即停止，必须采取一些适当的措施并重新编译。

（2）一般错误（error）：指程序的语法错误以及磁盘、内存或命令行错误等。编译程序将完成现阶段的编译，然后停止。编译程序在每个阶段（预处理、语法分析、优化、代码生成）将尽可能多地找出源程序中的错误。

（3）警告（warning）：不阻止编译继续进行。它指出一些值得怀疑的情况，而这些情况本身又可以合理地作为源程序的一部分。一旦在源文件中使用了与机器有关的结构，编译程序就将产生警告信息。

编译程序首先输出这 3 类出错信息，然后输出源文件名和发现出错的行号，最后输出信息的内容。

2. C 语言程序的常见错误

（1）说明变量容易出现的错误

① 忘记定义变量。例如：

```
#include<stdio.h>
void  main()
{
 x=5;y=10;
 printf("%d\n", x+y);
}
```

C 语言要求在程序中所用到的每一个变量都必须先进行定义。上面的程序中对变量 x 和 y 就没有进行定义，应该在程序的开头处进行定义(int x,y;)。这是初学者最容易出现的一个错误。

② 标识符的大小写字母混用。C 语言对标识符的大小写一般是非常敏感的，除非将其对应的开关设置为不敏感。例如：

```
#include<stdio.h>
void  main()
{
 int a, b, c;
 a=5;
 b=6;
```

```
    C=A+B;
    printf("%d\n", C);
}
```

C 语言的编译程序把 A 和 a，B 和 b，C 和 c，分别当作不同的变量。它会提示出 A、B、C 变量是未定义的变量。

③ 字符和字符串的使用混淆。C 语言规定字符是只具有一个字符的常量或变量。而字符串不管是常量还是变量，它起码要有两个以上的字符。例如：

```
char w;
w="f";
......
```

这里，字符变量 w 系统只为其分配一个字节的内存空间，无法使用两个字节的空间，应将 w="f"; 改为 w='f';。

④ 指针型函数和指向函数的指针之间的混淆。C 语言中的指针型函数是指该函数的返回值是地址量；而指向函数的指针是指本指针只能接收函数名对它的赋值，通过对指向函数的指针的取内容运算可以将程序的控制流程切换到这个函数。例如：

```
int (*ptr1)();
int *ptr2();
```

前者说明 ptr1 是一个指向函数的指针，而后者说明 ptr2 是一个指针型函数。

（2）使用运算符容易出现的错误

① 误把 "=" 当作 "==" 运算符。在许多高级语言中，都把 "=" 既作为赋值运算，又作为关系运算符中的 "等于"，BASIC 语言和 PASCAL 语言都是将它们混用的。例如：

```
if(a=h)  printf("a 等于b! ");
```

C 语言程序规定："=" 是赋值运算符，"==" 才是关系运算符中的 "等于"，在 C 语言编译程序中，将(a=b)当作赋值表达式进行处理，它将 b 的值赋值给 a，然后判断 a 的值是否为 0。如果 a 的值是非零，则输出 "a 等于b!" 这个字符串；否则将执行本语句的后继语句。而不是在 a 等于 b 时，就输出 "a 等于b!" 这个字符串。

② 使用增 1 和减 1 运算符容易出现的错误。例如：

```
#include<stdio.h>
void  main()
{
    int *ptr, a[]={1, 3, 5, 7, 9};
    ptr=a;
    printf("%d", *ptr++);
}
```

在这个程序中，有人认为其输出是 a 数组的第 1 个元素 a[1]的值 3。其实由于*ptr++表达式中的增 1 运算是后置加 1，所以要先输出 ptr 指针所指向的内容：a[0]的内容，即是 1；然后再调整指针，使指针 ptr 指向 a[1]。如果是*(++ptr);，则先使指针 ptr 指向数组 a[1]，然后输出其值。例如：

```
#include<stdio.h>
```

```
void main()
{
  int a=2;
  printf("%d: %d: %d\n", a, ++a, a--);
}
```

上面程序的结果很容易判定为"2：3：3"，而其正确的结果应是"2：2：2"。原因是：在执行 printf() 语句时，C 语言的编译程序将参数自右至左依次压入栈中，即先压入 a-- 参数的值，然后是 ++a 参数的值，最后是 a 参数的值。出栈时，弹出的顺序是 a，++a，a--，其结果是 2：2：2。

③ a>>2 操作并不能改变 a 的值。例如：

```
#include<stdio.h>
void main()
{
  unsigned char a;
  a=0x10;
  while(a)
    printf("%0x 右移两位的值是%0x\n", a, a>>2);
}
```

上面的程序是一个死循环。其原因是循环体内 a 的值并未发生变化。请注意：像 a>>2 这样操作并不会使操作数 a 的值发生变化。在做 a=a>>2 操作时，变量 a 的值才能发生变化。

④ 错把 & 运算符当作 && 运算符。例如：

```
#include<stdio.h>
void main()
{
  int a=5, b=7, c=9, d=11;
  if ((a>b)&(c>d)) printf("a>b 并且 c>d!\n");
  else printf("a 不大于 b 而且 c 也不大于 d!\n");
}
```

本例中，将位逻辑运算符 & 当作了逻辑运算符 &&。这是 C 语言初学者最容易犯的错误。

（3）使用 I/O 函数容易出现的错误

① 输入/输出数据的类型与所用的格式控制符不一致。例如：

```
#include<stdio.h>
void main()
{
  int a;float b;
  a=3;
  b=4.5;
  printf("%f %d\n",a,b);
}
```

上述程序在编译时并不给出错误信息，但是运行的结果却是有点令人不可理解：

```
0.000000        16403
```

它们在存储时是按照赋值转换的规则进行转换的，而输出时是将数据在存储单元中的形式按输出格式控制符的要求输出的。

② 忘记使用地址运算符。例如：

```
scanf("%d %d", x, y);
```

这是许多 C 语言初学者容易犯的错误，更是其他语言中的习惯所造成的习惯性错误。C 语言要求使用某些变量时，应该指明其地址标记。其方法是将上述语句改为：

```
scanf("%d %d", &x, &y);
```

③ 输入数据与要求不符。

使用 scanf()语句时，应该特别注意输入数据与语句要求数据的一致性。

例如：

```
scanf("%d, %d", &x, &y);
```

如果输入数据是：6   7<CR>，这是错误的；

应该为：   6，7<CR>。

（4）使用函数容易出现的错误

① 未对被调用的函数进行必要的说明。例如：

```
#include<stdio.h>
void  main()
{
  float x, y, z;
  x=3.5; y=-7.5; z=max(z, y);
  printf("较大的数是 %f\n", z);
}
float max(float x, float y)
{
  return(x>y ? x:y);
}
```

这个程序看起来并没有错误，但在编译时将给出出错信息。其原因是：max()函数是个浮点型函数，并且是在 main()函数之后定义，而调用本函数时并未对其进行说明，所以出现错误。其改正的方法有以下两种。

其一：在函数调用之前用"float max()"进行说明，其位置最好是在主函数的变量定义和说明部分进行。

其二：将 max()函数的定义移到 main()函数的前面。

② 将函数的形式参数及其局部变量一起说明。例如：

```
min()
int x, y, z;
{
  z=x<y ? x:y; return(z);
}
```

这里的错误是将函数的形式参数和函数的局部变量混为一谈了。函数的形式参数具有局部的存储属性，也需要对其进行说明，其位置应该在函数名和函数的主体之间进行。而函数内部的局部变量应该在函数体的首部，即变量定义以及变量或函数的说明部分进行定义。本例应该将函数的局部变量 z 单独在函数体内进行定义。

③ 认为函数的形式参数可以影响调用函数的实在参数。例如：

```c
#include <stdio.h>
void  main()
{
  int x, y;
  x=5;y=9;swap(x, y);
  printf("%d, %d\n", x, y);
}
swap(int x, int y)
{
  int t;
  t=x;
  x=y;
  y=t;
}
```

其本意是想通过调用 swap() 函数来使得 main() 函数中变量 x 和 y 的值得到交换，但结果是未能达到预期的效果。其原因是：这种传值方法的函数调用，实在参数和形式参数分别为不同的独立单元，每一组单元的操作并不能影响另一组单元。要想达到上述目的，只有采用传址方式，即：

```c
#include <stdio.h>
void  main()
{
  int x, y;
  x=5;
  y=9;
  swap(&x, &y);
  printf("%d, %d\n", x, y);
}
swap(int *x, int *y)
{
  int t;
  t=*x;
  *x=*y;
  *y=t;
}
```

④ 实在参数和形式参数类型的不一致。例如：

```c
#include <stdio.h>
void  main()
```

```
{
  int a=4,  b=9,  c; c=fun(a, b);
  …
}
fun(float x, float y)
{
  …
}
```

上面程序的实在参数 a 和 b 是整型变量，而形式参数 x 和 y 却是浮点型变量。C 语言要求实在参数和形式参数的数据类型必须一致。

⑤ 函数参数的求值顺序造成的差异。例如：

```
printf("%d, %d, %d\n", i, ++i, ++i);
```

如果变量 i 在此前的值是 3，人们一般认为其输出是 3，4，5，其实并不一定。在有些计算机系统中输出的是 5，5，4。其原因是有些系统采用的是自右至左的顺序求函数参数的值，即输出为 5，5，4；而有的系统则是从左至右求函数参数的值，故其输出是 3，4，5。

⑥ 用动态的地址作为函数的返回值。例如：

```
#include <stdio.h>
char *struct(char *s, int m, int n);
void  main()
{
  static char s[]="Good Morning! "; char *ptr;
  ptr=struct(s, 3, 4);
  printf("%s\n", ptr);
}
char *struct(char *s, int m, int n)
{
  char substr[20]; int i;
  for (i=0; i<n; i++)
  substr[i]=s[m+i-1];
  substr[i]='\0';
  return(substr);
}
```

函数 struct() 是个指针型函数，它的返回值是个地址量——自动型字符数组 substr[] 的地址。由于字符数组 substr[] 的地址在函数 struct() 返回到主调函数时，其地址空间已被释放了，所以指针 ptr 所指的地址就是一个不定的，对应字符串的输出也就是莫名其妙的，严重时可能使系统瘫痪。其解决的方法是把字符数组定义为静态型，即：

```
static  char  substr [20];
```

⑦ 对指向函数的指针赋值有错误。例如：

```
#include<stdio.h>
```

```
char p1();
void main()
{
  char (*s1)();
  char ch;
  s1=p1();
  ch=(*s1)("abcde");
  printf("%c\n", ch);
}
char p1(char *s2)
{
  return(s2[1]);
}
```

本例中的指针 s1 是一个指向函数的指针，它所接收的是某函数的地址。而函数的地址就是函数名的本身，本例中就是 p1，而不是 pl()。在此例中的 "s1=pl();" 是将函数 pl() 的返回值赋值给一个指向函数的指针 s1，这是绝对不允许的。

⑧ 函数的返回值与期望的不一致。例如：

```
#include<stdio.h>
void main()
{
  float x, y;
  scanf("%f%f", &x, &y);
  printf("%d\n", addup(x, y));
}
float addup(float x, float y)
{
  return(x+y);
}
```

本例中的主函数期望从函数 addup() 的返回值得到一个整型数，而函数 addup() 返回的却是一个浮点数。

（5）使用数组容易出现的错误

① 引用数组元素使用了圆括号。例如：

```
...
int i, a(10);
for(i=0; i<10; i++)
printf("%d", a(i));
```

请记住：C 语言中数组的定义和数组元素的引用都必须使用方括号。

② 引用数组元素越界。例如：

```
#include<stdio.h>
void main()
{
```

```
static int a[10]={10, 9, 8, 7, 6, 5, 4, 3, 2, 1};
int i;
for(i=0; i<10; i++)
printf("%d", a[i]);
}
```

上面程序的错误在于：C 语言规定，数组的下标是从零开始到 *N*-1，而本例在定义时定义了 a[0]~a[9]共 10 个元素，引用时却使用了 a[0]~a[10]共 11 个元素。学过 BASIC 语言的人最容易犯这类错误，其原因是 BASIC 语言数组的定义是不包括第 0 个元素在内的元素的个数。

③ 对二维或多维数组定义和引用的错误。例如：

```
#include<stdio.h>
void  main()
{
  int a[5, 9];
  …
  printf("%d", a[3, 5]);
  …
}
```

这种错误也是学过 BASIC 语言的人最容易犯的错误。记住：C 语言中的数组的维数是由方括号对指定的，即 a[5][9]，而不是使用逗号分隔符来指明数组的维数。

④ 数组名只代表数组的首地址。例如：

```
#include<stdio.h>
void  main()
{
  int a[]={5, 4, 3, 2, 1};
  printf("%d%d%d%d\n", a);
}
```

请记住，数组名是地址常量，它仅代表被分配的数组空间的首地址，并不能代表数组的全体元素。

⑤ 向地址常量——数组名赋值。例如：

```
#include<stdio.h>
void  main()
{
  char str[20];
  str="Turbo C";
  printf("%s\n", str);
}
```

上面的错误是将数组和指针的特性混淆造成的。数组名是地址常量，指针是地址变量。数组在定义的同时可以对其初始化，有的 C 语言还规定其数组应该是静态或外部数组；而指针可以在其定义的后面再对其赋值，而且是将字符串的首地址赋给指针变量。

⑥ 数组初始化越界。例如：

```
#include<stdio.h>
void  main()
{
  char str[6]="Out of!";
  printf("%s\n", str);
}
```

上面的例子有两处错误：其一是对自动型字符数组进行初始化操作，但新版本的 Turbo C 不允许对自动数组进行初始化；其二是定义数组时所开辟的空间不足，就是给数组 str[] 所开辟的存储空间只有 6 个字节，而对其初始化操作有 7 个字符，系统将使"f!"丢失。解决这种错误的方法是使用不定长数组进行初始化：static char str [ ] ="out of!";。

（6）使用指针容易出现的错误

① 不同类型的指针混用。例如：

```
#include<stdio.h>
void  main()
{
  float a=3.1,*ptr;
  int i=3,*ptr1;
  ptr=&a;
  ptr1=&i;
  ptr=ptr1;
  printf("%d,%d\n",*ptr1,*ptr);
}
```

这个例子的错误在于使指向浮点数的指针也指向一个整型数。解决的方法是采用强制转换的方法：ptr=(float *)ptrl;。

② 混淆了数组名和指针的区别。例如：

```
#include<stdio.h>
void  main()
{
  int a[10], i;
  for (i=0;i<10;i++)
  scanf("%d", a++);
  ...
}
```

上面的例子是把数组名当成指针来使用了。由于数组名是地址常量，它不能做增 1 运算，而应该直接使用数组元素的引用方法——a[i]。

③ 使用指向不定的指针。例如：

```
#include<stdio.h>
void  main()
{
```

```
  char *ptr;
  scanf("%s", ptr);
  printf("%s", ptr);
}
```

语句 char *ptr 只定义 ptr 是一个指向字符的指针，并没有给指针赋予一个指向确定的
地址空间，使用指向不确定的指针，在编译时会出现以下警告信息：

```
NULL pointer assignment
```

一般这样使用也不会使系统瘫痪，但不提倡这样使用。

④ 用自动型的变量去初始化一个静态型的指针。例如：

```
#include<stdio.h>
void main()
{
  int s=100;
  static int *ptr=&s;
  printf("%d", *ptr);
}
```

上面例子的错误在于用一个自动型的变量的地址去初始化一个静态型的指针。虽然本
例中不会造成严重的错误，但是在非主函数中这样使用时，函数结束了，自动变量的地址
空间已经释放了，而静态型的指针却还指向一个早已不知是做什么用的单元，这是绝对不
允许的。

⑤ 给指针赋值的数据类型不匹配。例如：

```
#include<stdio.h>
#include<alloc.h>
void main()
{
  char *ptr;
  ptr=malloc(10);
  gets(ptr);
  printf("%s\n", ptr);
  free(ptr);
}
```

本例中的 ptr=malloc(10)语句在编译时并不会出现错误，但是在基本概念上不清楚。函
数 malloc(10)调用返回的是无符号的整数，而指向字符的指针 ptr 与被赋值的类型不匹配，
可以把语句 ptr=malloc(10);改为：

```
ptr=(char *)malloc(10);
```

这样做虽然解决了类型匹配的问题，但是没有对函数 malloc()是否已分配到了足够的
内存空间进行检查，一个较为完整的程序应该是：

```
#include<stdio.h>
#include<alloc.h>
void main()
{
```

```
char *ptr;
ptr=(char *)malloc(10);
if(ptr==NULL)
{
printf("\7 内存空间不够用!\n");
exit(1);
}
gets(ptr);
printf("%s\n", ptr);
free(ptr);
}
```

⑥ 错误地理解两个指针相减的含义。例如：

```
#include<stdio.h>
#include<alloc.h>
void main()
{
  int i, *ptr1, *ptr2;
  if((ptr1=(int )malloc(10 *sizeof(int)))==NULL)
  {
  printf("\7 申请分配内存不成功!\n");
   exit(1);
  }
  ptr2=ptr1;
  for(i=0; i<10; i++)
  *ptr1++=i;
  printf("两个指针之间的元素个数是: %d\n", (--ptr1-ptr2 + 1)/sizeof(int));
}
```

上面程序的目的是求两个指针之间的元素个数，但是却错误地理解了指针相减的含义。两个指针相减，即 ptr1-ptr2 之差就是这两个指针指向地址之间的数据的个数，并不是地址的差值。其 printf()语句应改为：

```
printf("两个指针之间的元素个数是: %d\n", ptr1-ptr2+1);
```

（7）其他常见的错误

① 数值超过了数据可能表示的范围。例如：

```
int number; number=32769; print("%d", number);
```

在一般的微机上使用的 C 编译程序，对一个整型数据规定为两个字节，那么其数的表示范围就是-32768～32767，所以变量 number 所赋的值超过了数据的表示范围。

如果将变量 number 定义为 long int number;，还必须将 printf()语句中的输出格式控制符改为长整型的，才不会出错误，即：

```
printf("%ld", number);
```

② 语句后面忘记加分号。C 语言规定，语句以分号作为结束符或分隔符。而某一个语

句遗漏了分号，在编译时指出错误的地址往往是在其后面。如果编译时指出的错误行没有错误，则应该检查一下其前面的语句是否有遗漏分号的情况。

学过 PASCAL 语言的人往往会在复合语句的最后一个语句不写分号。例如：

```
{ t=a;a=b;b=t }
```

在 PASCAL 语言中，分号是两个语句之间的分隔，而不是某个语句的必要组成部分；在 C 语言中，分号却是语句的必要组成部分，没有分号就不是一个语句。

③ 应该使用复合语句的地方而将其大括号对遗漏。例如：

```
sum=0; i=1; while(i<100) sum+=i;i++;
```

本程序段的本意是实现 1+2+3+…+100。但是由于应该使用复合语句的地方遗漏了大括号对，它会不终止地循环下去。本题的改进方法有以下两种。

其一：

```
sum=0; i=1;
while(i<=100) {sum+=i; i++;}
```

其二：

```
sum=0; i=1;
while(i<=100)  sum+=i++;
```

④ 在不需要分号的地方加了分号。例如：

```
for(i=0;i<=100;i++);  scanf("%d"a[i]);
```

在本例程序段中，其本意是用 scanf() 语句输入 100 个数据给数组 a[i] 的各个元素，由于在 for() 语句的后面多加了一个分号 ";"，使得本程序段完不成上述的功能。

⑤ 括号不配对。例如：

```
while((ch=getcher()!='#')  putchar(ch);
```

当一个语句有多层括号时，录入程序时往往会有遗漏的时候，这时应该仔细地检查程序，以便于改正。

⑥ 混淆结构体类型和结构体变量。例如：

```
struct student
{
  long num;
  char name[20];
  char sex; int age;
}
student.num=123456;
strcpy(student.name, "Li lei");
student.sex='f';
student.age=20;
```

上面的错误在于：把一个说明结构体的类型和结构体变量的定义混为一谈。结构体类型是一个空洞的模板，它不被分配内存空间；而定义结构体变量才有确定的内存空间，才可以对其进行赋值。改正的方法是定义一个结构体变量，然后再对其进行赋值。

⑦ 在 switch() 语句的成分子句中漏写了 break 语句。例如：

```
switch(score)
{
  case  5: printf("成绩优秀!!!");
  case  4: printf("成绩良好!!");
  case  3: printf("成绩及格!");
  case  2: printf("成绩不及格。");
  default : printf("数据输入有错误");
}
```

上述程序段在某个学生的成绩是优秀时，会输出："成绩优秀!!! 成绩良好!! 成绩及格!
成绩不及格。数据输入有错误"，这是在其成分子句的结束部分漏掉了 break 语句造成的。
改正后的程序段如下：

```
switch(score)
{
  case  5: printf("成绩优秀!!!"); break;
  case  4: printf("成绩良好!!");  break;
  case  3: printf("成绩及格!");   break;
  case  2: printf("成绩不及格。"); break;
  default : printf("数据输入有错误");
}
```

这种错误也是学过 PASCAL 语言的人最容易犯的。

⑧ 文件操作的不一致。文件操作的第 1 步是要先打开一个文件，而打开文件时有一个
打开模式，初学者往往在此操作时常出现不一致的问题。例如：

```
if((fpr=fopen("test", "r")==NULL)
{
  printf("\7 文件 test 打不开!\n");
  exit(1);
}
ch=fgetc(fpr);
while(ch!='#')
{
  ch+=4;
  fputc(ch, fpr);
  ch=fgetc(fpr);
}
```

在上述程序段中，打开文件是以"r"方式——只读方式打开的，而在文件操作时却
既要进行读操作又要进行写操作，显然是不允许的。应该注意打开模式与文件操作的一
致性。除此之外，有的人在程序中打开文件而不注意随时关闭文件，这样做有以下两个
后果。

一是有时会造成文件不够用。虽然 C 语言系统可以提供 20 个文件供用户使用，但是

其中 5 个是系统标准文件，实际可以使用的只有 15 个，多次打开而不随时关闭暂时不使用的文件就会造成文件不够用。

二是有时系统会自动地关闭一些文件，这样可能会造成数据丢失。因此，必须注意随时将暂时不用的文件关闭。

第 2 部分

主要实验内容

- 实验一　程序的运行环境操作和简单程序运行
- 实验二　数据类型、运算符及表达式
- 实验三　顺序结构程序设计
- 实验四　选择结构程序设计
- 实验五　循环结构程序设计
- 实验六　数组（一）
- 实验七　数组（二）
- 实验八　函数（一）
- 实验九　函数（二）
- 实验十　指针（一）
- 实验十一　指针（二）
- 实验十二　结构体与共用体
- 实验十三　文件

实验一 程序的运行环境操作和简单程序运行

一、实验目的

（1）通过运行简单的 C 语言程序，初步了解 C 语言源程序的特点和 Turbo C 2.0 集成环境下编辑、编译、调试和运行 C 语言程序的方法。

（2）掌握 C 语言程序的风格和 C 语言程序的特点。

二、实验要求

（1）上机前先阅读和编写好要调试的程序。

（2）上机输入和调试程序并保存。

（3）检查实验结果是否正确。

（4）上机结束后，正确关机并整理实验报告。

三、实验内容

1. 基本内容

题目 1：输入并运行一个简单的程序。

```
#include<stdio.h>                    /*头文件的包含*/
void  main()
{
  printf("Welcome to China! ");     /*输出结果*/
}
```

① 启动 Turbo C 2.0。

② 选择"File"菜单中"New"菜单项，出现"New"对话框，选中"File"选项。图 2.1 所示为 Turbo C 编辑区。

③ 在光标处输入上面的程序，如图 2.2 所示。

④ 选择"Run"菜单中"Run"菜单项或直接按【Ctrl+F9】组合键运行该程序。

⑤ 选择"Run"菜单中"User Screen"菜单项或直接按【Alt+F5】组合键查看程序运行的结果，如图 2.3 所示。

⑥ 选择"File"菜单中"Save"菜单项或直接按【F2】键保存该文件，并输入要保存的文件名"whh1.C"，如图 2.4 所示。

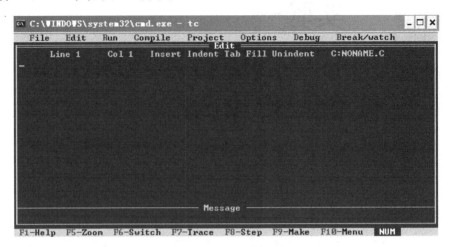

图 2.1　Turbo C 编辑区

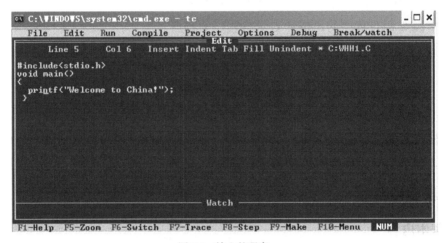

图 2.2　输入的程序

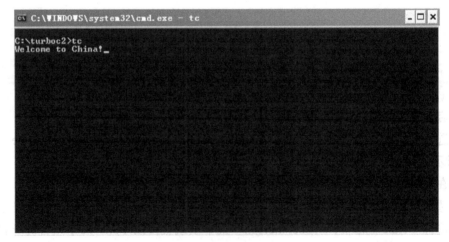

图 2.3　程序运行结果

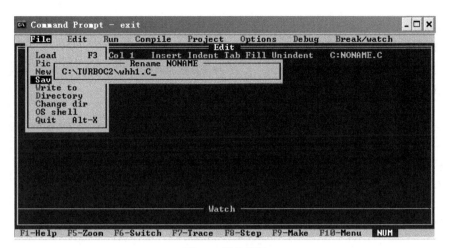

图 2.4 保存程序

⑦ 选择"File"菜单中"Quit"菜单项或直接按【Alt+X】组合键退出 Turbo C。

注意

"/*"和"*/"之间的文字是注释，编辑程序时无须输入。

题目 2：输入并运行一个需要在运行时输入数据的程序。

```c
#include<stdio.h>
#define  PI 3.1416                  /*宏定义*/
void  main()
{
  float r;                          /*定义实型变量*/
  printf("Input the radius: ");     /*输出信息*/
  scanf("%f",&r);                   /*输入圆的半径*/
  printf("%f\n",PI*r*2);            /*输出圆的周长，\n 为回车换行*/
}
```

编译并运行程序，在运行时从键盘输入 2，然后按【enter】键，按【Alt+F5】组合键，观察程序运行结果并写出。

程序运行结果：

题目 3：输入并运行一个有自定义函数的程序。

```c
#include<stdio.h>
void  main()
{
  int a,b,c;
  int min(int x,int y);            /*子函数的声明*/
```

```
    scanf("%d,%d",&a,&b);                /* 输入2个整数 */
    /* 运行时，输入第1个数后输入逗号，再输入第2个数后回车 */
    c=min(a,b);                          /*子函数的调用*/
    printf("min=%d",c);
}
int min(int x,int y)                     /*子函数的定义*/
{
    int z;
    if(x<y) z=x;
    else z=y;
    return(z);
}
```

（1）编译并运行程序，输入3和8，程序运行结果是：

（2）将程序中的第3行改为：

```
int a; b; c;
```

再进行编译，写出编译结果：

（3）先将程序改回原样，再将子函数min的第3行和第4行做如下修改：

```
If(x>y) z=x; else z=y;
```

进行编译和运行，分析结果：

（4）将main函数和min函数调换位置，进行编译和运行，分析结果：

题目4：任意输入两个数，求这两数的乘积，编写程序并调试运行。
（注：可模仿题目2的程序。）

```
#include<stdio.h>
void main()
{



}
```

2. 选做内容

题目 5：熟悉 UCDOS 汉字操作系统，掌握在 C 语言编辑中如何输入汉字、如何运行程序（如未安装 UCDOS，此题不做）。

（注：UCDOS 汉字系统，【Alt+F2】为拼音；【Alt+F5】为五笔；【Alt+F6】为英文。）

```
#include<stdio.h>
void main()
{
char c[10],b[10];
  printf("输入你的姓名");
  scanf("%s",c);
  printf("\n输入你的班级");
  scanf("%s",b);
  printf("\n你的姓名是：%s,你的班级是：%s",c,b);
}
```

程序运行结果：

题目 6：模仿上面的 C 语言程序设计方法，编写一个 C 语言程序：显示出你的所学专业、学号、姓名、性别、年龄等信息。

程序代码：

```
#include<stdio.h>
void main()
{



}
```

```
    }
```

实验二
数据类型、运算符及表达式

一、实验目的

（1）掌握 C 语言的数据类型，熟悉如何定义一个整型、字符型和实型的变量，以及对它们赋值的方法。

（2）掌握不同类型的数据之间赋值的规律。

（3）学会使用 C 语言的有关算术运算符，以及包含这些运算符的表达式，特别是自加（++）和自减（--）运算符的使用。

（4）进一步熟悉 C 语言程序的编辑、编译、连接和运行的过程。

二、实验要求

（1）上机前先阅读和编写好要调试的程序。

（2）上机输入和调试程序并保存。

（3）检查实验结果是否正确。

（4）上机结束后，正确关机并整理实验报告。

三、实验内容

1. 基本内容

题目 1：输入并运行下面的程序。

```c
#include <stdio.h>
void main()
{
  char c1,c2;
  c1='a';
  c2='b';
  printf("%c%c\n",c1,c2);
}
```

① 运行此程序。

运行结果：_____

② 在此题最后增加一个语句。

```
printf("%d%d\n",c1,c2);
```

再运行。

运行结果：_____

_____

③ 将第 4 行改为：

```
int c1,c2;
```

再运行。

运行结果：_____

④ 再将第 5 行和第 6 行改为：

```
c1=a;  /*不用撇号*/
c2=b;
```

再运行。

分析出错原因：_____

⑤ 再将第 5 行和第 6 行改为：

```
c1="a";  /*用双撇号*/
c2="b";
```

再运行。

分析出错原因：_____

⑥ 再将第 5 行和第 6 行改为：

```
c1=300;  /*用大于 255 的整数, 在 char c1,c2;的基础上*/
c2=400;
```

再运行。

运行结果：_____

题目 2： 输入并运行下面的程序。

```c
#include <stdio.h>
void main()
{
  char c1='a',c2='b',c3='c',c4='\101',c5='\116';
  printf("a%c b%c\tc%c\tabc\n",c1,c2,c3);
  printf("\t\b%c %c",c4,c5);
}
```

上机前先人工分析程序，写出应得结果：_____

_____

上机运行结果：_____

_____

题目 3： 输入并运行下面的程序。

```c
#include <stdio.h>
void main ()
```

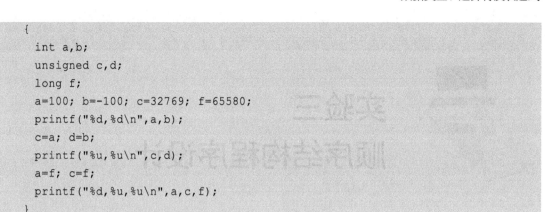

```
{
  int a,b;
  unsigned c,d;
  long f;
  a=100; b=-100; c=32769; f=65580;
  printf("%d,%d\n",a,b);
  c=a; d=b;
  printf("%u,%u\n",c,d);
  a=f; c=f;
  printf("%d,%u,%u\n",a,c,f);
}
```

请对照程序和运行结果进行分析。

① 将一个负整数赋给一个无符号的变量，会得到什么结果，并分析原因。

结果：＿＿＿＿＿＿＿＿＿＿＿

原因：＿＿＿＿＿＿＿＿＿＿＿

② 将一个大于 32767 的长整数赋予整型变量，会得到什么结果，并分析原因。

结果：＿＿＿＿＿＿＿＿＿＿＿

原因：＿＿＿＿＿＿＿＿＿＿＿

③ 将一个长整数赋予无符号变量，会得到什么结果，并分析原因。

结果：＿＿＿＿＿＿＿＿＿＿＿

原因：＿＿＿＿＿＿＿＿＿＿＿

2．选做内容

题目 4：编写一个程序，输入华氏度（°F，记为 F），按下列公式计算并输出对应的摄氏度（℃，记为 C）：$C = 5(F-32)/9$。

题目 5：编写一个程序，输入 3 个单精度数，输出其中的最小数。

实验三
顺序结构程序设计

一、实验目的

（1）熟练掌握字符输入/输出函数和格式输入/输出函数的使用。

（2）熟练使用赋值语句。

（3）熟悉顺序结构的程序设计方法。

二、实验要求

（1）上机前先阅读和编写好要调试的程序。

（2）上机输入和调试程序并保存。

（3）检查实验结果是否正确。

（4）上机结束后，正确关机并整理实验报告。

三、实验内容

1．基本内容

题目 1： putchar()函数、getchar()函数的格式和使用方法。

```c
#include<stdio.h>
void main()
{
  char ch1='H', ch2;
  printf("Please input a character: ");
  ch2=getchar();
  putchar(ch1);
  putchar(ch2);
  putchar('\n');
  putchar('A');
  putchar('\101');
  putchar('\x41');
  putchar('\n');
}
```

① 程序运行结果：

② 先将程序第 6 行改为：

```
ch2='h';
```

然后删除语句：

```
printf("Please input a character: ");
```

再编译运行程序，写出运行结果：

③ 将程序第 11 行改为：

```
putchar('\102');
```

再编译运行程序，写出运行结果：

题目 2： scanf()函数、printf()函数的格式和使用方法。

```c
#include<stdio.h>
void main()
{
  int a,b;
  float c,d;
  double e,f;
  char g,h;
  scanf("%d%d",&a,&b);
  scanf("%f,%f",&c,&d);
  scanf("%lf%lf",&e,&f);
  scanf("%c%c",&g,&h);
  printf("a=%-7d,b=%7d\n",a,b);
  printf("c=%f,d=%e\n",c,d);
  printf("e=%f,f=%lf\n",e,f);
  printf("g=%c,h=%d",g,h);
}
```

① 输入 a、b、c、d、e、f 的值均为 12，g、h 的值为'a'，分析程序并预计结果。
程序运行结果：

② 将第 10 行改为：

```
scanf("%f%f",&e,&f);
```

再编译运行并输入与①相同的数据，运行结果是：

题目 3：编辑输入以下程序段。

```
#include<stdio.h>
void main()
{
  int a=5,b=9;
  int t;
  t=a;
  a=b;
  b=t;
  printf("a=%d,b=%d",a,b);
}
```

① 分析程序并写出预计结果：

② 编译运行，写出实际运行结果：

2．选做内容

题目 4：编写程序，由键盘输入一个小写字母，将其转换成大写字母，并输出。

题目 5：有一函数：

$$y = \begin{cases} x & (x < 1) \\ 6x + x^2 & (1 \leq x < 15) \\ 2x - 1 & (x \geq 15) \end{cases}$$

从键盘上输入 x 的值（用 scanf 函数），求 y 值。

实验四
选择结构程序设计

一、实验目的

（1）了解 C 语言选择结构的使用范围。

（2）熟练掌握 if 语句和 switch 语句的基本用法和特点。

（3）能够编写一些有实际应用意义的选择结构程序。

二、实验要求

（1）上机前先阅读和编写好要调试的程序。

（2）上机输入和调试程序并保存。

（3）检查实验结果是否正确。

（4）上机结束后，正确关机并整理实验报告。

三、实验内容

1. 基本内容

题目 1：分别编辑输入如下程序段。

（1）

```c
#include<stdio.h>
void main()
{
  int a;
  scanf("%d",&a);
  if(a<10)
    a=a+10;
  else if(a>15)
    a=a+5;
  printf("%d",a);
}
```

（2）

```c
#include<stdio.h>
```

```
void main()
{
  int a;
  scanf("%d",&a);
  if(a<10)
    a=a+10;
  if(a>15)
    a=a+5;
  printf("%d",a);
}
```

① 分析以上两段程序并预计结果，比较并列出两段程序的异同点。

② 分别编译运行，键入 8，运行结果是：

题目 2：编辑输入如下程序段。

```
#include<stdio.h>
void main()
{
  int a=4,b=0;
  if(a>5)
    b=1;
  else if(a<2)
    b=2;
  else
    b=3;
  printf("%d",b);
}
```

① 分析程序，写出预计结果：

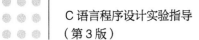

② 编译运行，写出实际运行结果：

题目 3：编辑输入如下程序段。

```c
#include<stdio.h>
void main()
{
  int a,b,c;
  a=3,b=1,c=4;
  if(a<b)
    if(b>0) c-=1;
  else
    c+=1;
  printf("%d",c);
}
```

① 分析程序，写出预计结果：

② 编译运行，写出实际运行结果：

题目 4：编辑输入如下程序段。

```c
#include<stdio.h>
void main ()
{
  int c;
  while ((c=getchar())!='\n')
  switch (c-'2')
  {
```

```
    case 0 :
    case 1 : putchar (c-2); break;
    case 2 : putchar (c+5);
    case 3 : putchar (c+1); break;
    default : putchar (c-2);
  }
}
```

编译运行，输入 9637，运行结果是：

2．选做内容
题目 5：输入 3 个整数，将这 3 个数按从小到大排序。

题目 6：从键盘输入年份，然后判断该年是否为闰年。
符合下列条件之一的年份都是闰年：
（1）能被 400 整除的年份；
（2）不能被 100 整除，但可以被 4 整除的年份。

实验五
循环结构程序设计

一、实验目的

（1）了解 C 语言循环结构的使用范围。

（2）熟练掌握 while 语句、do-while 语句、for 语句的特点和使用方法。

（3）能够编写一些有实际应用意义的循环结构程序。

二、实验要求

（1）上机前先阅读和编写好要调试的程序。

（2）上机输入和调试程序并保存。

（3）检查实验结果是否正确。

（4）上机结束后，正确关机并整理实验报告。

三、实验内容

1. 基本内容

题目 1： 编辑输入以下程序。

```
#include<stdio.h>
void main()
{
  int i,s=0;
  for(i=1; i<10; i+=2)
  s+=i+1;
  printf("%d\n",s);
}
```

① 分析程序，写出预计结果：

② 编译运行，写出实际运行结果：

③ 分别用 while 语句、do-while 语句改写该程序。

题目 2：编辑输入以下程序。

```c
#include<stdio.h>
void main()
{
  int i,j,s,sum;
  for(i=1,sum=0;i<=5;i++)
  {
    for(j=1,s=1;j<=i;j++)
    {
      if(j==3) break;
      s*=j;
    }
    sum=sum+s;
  }
  printf("%d",sum);
}
```

① 编译运行，运行结果是：

② 将第 9 行的 break 用 continue 取代，重新编译运行，运行结果是：

③ 分析比较两次结果：

题目 3：一个球从 100 米的高度自由下落，每次落地后返回原高度的一半，再落下。编写程序，求它在第 10 次落地时共经过多少米？第 10 次反弹多高？

2. 选做内容

题目 4：编写程序，输入一个正整数 n，在屏幕中央打印 n 行三角形，如 $n = 4$，则打印：

```
   *
  ***
 *****
*******
```

题目 5：某门课程有 5 个同学参加了考试，编写程序计算这门课程的最高分、最低分及平均分。

实验六
数组（一）

一、实验目的

（1）理解数组与普通变量的区别及特点。

（2）掌握一维数组的定义、赋值和输入/输出的方法。

（3）掌握与数组有关的程序与算法（特别是排序相关的算法）。

二、实验要求

（1）上机前先阅读和编写好要调试的程序。

（2）上机输入和调试程序并保存。

（3）检查实验结果是否正确。

（4）上机结束后，正确关机并整理实验报告。

三、实验内容

1. 基本内容

题目 1： 阅读以下程序。

```
#include<stdio.h>
void main()
{
  int i,s=0,a[10]={0,1,2,3,4,5,6,7,8,9};
  for(i=0;i<10;i++)
  s=s+a[i];
printf("s=%d\n",s);
}
```

① 程序的功能为：

② 程序运行结果：

题目 2：阅读以下程序。

```
#include<stdio.h>
void main()
{
  int k,s,i,a[10]={1,2,3,4,5,6,7,8,9,10};
  float ave;
  for(k=s=i=0;i<10;i++)
{
  if(a[i]%2==0)  continue;
  s+=a[i];
  k++;
}
  if(k!=0)
{
  ave=s/k;
printf("k=%d,ave=%f\n",k,ave);
}
}
```

① 程序的功能为：

② 程序运行结果：

题目 3：用选择法对 10 个整数排序，10 个整数用 scanf 函数输入。

```
#define N 10
#include<stdio.h>
void main()
{
  int i,j,min,temp,a[N];
  printf("请输入 10 个数：\n");
  for (i=0;i<N;i++)
{
printf("a[%d]=",i);
  scanf("%d",&a[i]);
```

```
}
  printf("\n");
  for(i=0;  i<N;  i++)
  printf("%5d",a[i]);
  printf("\n");

  for(i=0;  i<N-1;  i++)
{
   min=i;
   for(j=i+1;  j<N;  j++)
   if(a[min]>a[j])  min=j;
        temp=a[i];
        a[i]=a[min];
        a[min]=temp;
}
  printf("\n 排序结果为：\n");
   for(i=0;i<N;i++)
printf("%5d",a[i]);
}
```

① 预测该程序的结果，并上机运行，写出运行结果：

② 如果希望输出相反顺序的结果，其程序应如何进行修改？

题目4：任意输入 10 个数，求其中的最大数和最小数。

程序代码：

```
#include<stdio.h>
void main()
{
```

```
}
```

2. 选做内容

题目 5：编写程序，输入单精度型一维数组 a[10]，计算并输出 a 数组中所有元素的平均值。

题目 6：编写程序，输入 10 个整数存入一维数组，按逆序重新存放后再输出。

实验七
数组（二）

一、实验目的

（1）掌握二维数组的定义、赋值和输入/输出方法。

（2）掌握字符数组和字符串函数的使用。

（3）掌握与二维数组有关的算法（特别是矩阵相关的算法）。

二、实验要求

（1）上机前先阅读和编写好要调试的程序。

（2）上机输入和调试程序并保存。

（3）检查实验结果是否正确。

（4）上机结束后，正确关机并整理实验报告。

三、实验内容

1. 基本内容

题目1： 阅读以下程序。

```
#include<stdio.h>
void main()
{
  int a[3][3]={1,3,6,7,9,11,14,15,17},sum=0,i,j;
  for(i=0;i<3;i++)
  for(j=0;j<3;j++)
    if(i==j)
      sum=sum+a[i][j];

  printf("sum=%d\n",sum);
}
```

① 程序的功能为：

② 程序运行结果：

题目 2：阅读以下程序。

```c
#include<stdio.h>
#include<string.h>
void main()
{
  char s[20], str[3][20];
  int i;
  for(i=0; i<3; i++)
  gets(str[i]);
  strcpy(s,str[0]);
  for(i=1; i<3; i++)
    if(strcmp(str[i],s)<0)
      strcpy(s,str[i]);
  printf("%s\n",s);
}
```

分别输入 3 个字符串：

```
Def
dbc
bad
```

则程序运行结果为：

题目 3：阅读以下程序。

```c
#include<stdio.h>
void main()
{
  char s[80],c='a';
  int i=0;
  scanf("%s",s);
  while(s[i]!='\0')
  {
    if(s[i]==c)
      s[i]=s[i]-32;
```

```
    else
      if(s[i]==c-32)
        s[i]=s[i]+32;
    i++;
  }
  puts(s);
}
```

从键盘输入：AhaMA　Aha<CR>（<CR>代表回车），则程序运行结果为：

题目 4：阅读以下程序。

```
#include <stdio.h>
#include <string.h>
void main()
{
  char str[20]="sanlian";
  int i,j;
  int lenth;
  char ch;
  lenth=strlen(str);
  for(i=0; i<lenth-1; i++)
     for(j=0; j<lenth-i-1; j++)
        if(str[j]<str[j+1])
        {
           ch=str[j];
           str[j]=str[j+1];
           str[j+1]=ch;
        }
  printf("%s\n",str);
}
```

① 程序的功能为：

② 程序运行结果：

题目 5： 输入一个 3×5 的整数矩阵，输出其中的最大值、最小值和它们的下标。

2．选做内容

题目 6： 设某班 50 名学生的三科成绩表如下：

课程一　课程二　课程三

……　　……　　……

试编写一个程序，输入这 50 个学生的三科成绩，计算并输出每科成绩的平均分。

实验八
函数（一）

一、实验目的

（1）掌握定义函数的方法。

（2）掌握函数实参与形参的对应关系以及"值传递"的方式。

二、实验要求

（1）上机前先阅读和编写好要调试的程序。

（2）上机输入和调试程序并保存。

（3）检查实验结果是否正确。

（4）上机结束后，正确关机并整理实验报告。

三、实验内容

题目 1：阅读以下程序。

```c
#include<stdio.h>
fun(int *p)
{
  int a=10;
  p=&a;
  ++a;
}
void main()
{
  int a=5;
  fun(&a);
  printf("%d\n",a);
}
```

程序运行结果：

题目 2：阅读以下程序。

```c
#include<stdio.h>
void main()
{
  int a,b;
    a=5;
    b=10;
  printf("before swap a=%d,b=%d\n",a,b);
  swap(a,b);
  printf("after swap a=%d,b=%d\n",a,b);
}
swap(int x,int y)
{
  int temp;
    temp=x;
    x=y;
    y=temp;
  printf("in swap a=%d,b=%d\n",x,y);
}
```

程序运行结果：

题目 3：编程求两个整数的最大公约数和最小公倍数。用一个函数求最大公约数，用另一个函数根据求出的最大公约数求最小公倍数。

不用全局变量，分别用两个函数求最大公约数和最小公倍数。两个整数在主函数中输入，并传送给函数 1，求出的最大公约数返回主函数，然后再与两个整数一起作为实参传递给函数 2，以求出最小公倍数，再返回到主函数输出最大公约数和最小公倍数。

```c
#include <stdio.h>
gcd(int a,int b)
{



}
gxd(int a, int b,int g)
{



}
```

```
void main ()
{
  int x,y;
  int i,j;
  scanf("%d%d",&x,&y);
  i=gcd(x,y);
  j=gxd(x,y,i);
  ptintf("%d  and  %d gcd is %d,gxd is %d\n",x,y,i,j);
}
```

运行程序（测试数据为：35215）。

结果：_____

题目 4：编写一个函数，输入一个两位的十六进制数，输出相应的十进制数。

子函数：

```
#include <stdio.h>
/*函数定义部分*/




void main()
{
  char hx[2];int d;
  printf("please input a num(hex): ")
  scanf("%c%c",&hx[0],&hx[1]);
  d=change(hx);
  printf("this num is: ",d);
}
```

运行程序，测试数据分别为：A 和 B

结果为：_____

题目 5：验证哥德巴赫猜想（任何充分大的偶数都可以由两个素数之和表示）。用一个函数来判定素数，再用此函数将一个偶数用两个素数之和表示。主函数中输出 4～100 的所有偶数用两个素数之和表示。

题目 6：斐波那契数列是这样的一个数据序列，序列中的第 1 个数据和第 2 个数据值都为 1，以后的每一个数据值为前两个数据之和，即 1，1，2，3，5，8，…，n。编程实现此数列。

```
#include<stdio.h>
long int fibonacci(int n);
void main()
{
```

```
}
long fibonacci(int n)
{



}
```

实验九
函数（二）

一、实验目的

（1）掌握函数的嵌套调用和递归调用的方法。
（2）掌握全局变量和局部变量、动态变量和静态变量的概念及使用方法。

二、实验要求

（1）上机前先阅读和编写好要调试的程序。
（2）上机输入和调试程序并保存。
（3）检查实验结果是否正确。
（4）上机结束后，正确关机并整理实验报告。

三、实验内容

题目1： 阅读以下程序。

```
#include<stdio.h>
#include<string.h>
char chupper(char ch);
void main()
{
  char ch;
  printf("字符转换\n\n");
  do
  {
    ch=getchar();
    if(ch>='a'&&ch<='z')
    ch=chupper(ch);
    printf("%c"'ch);
  }while(ch!='0');
}
char chupper(char ch)
{
```

```
    return ch>='a' ? ch-'a'+'a' : ch;
}
```

① 程序的功能为：

② 程序运行后输入 BCDabc1230，写出运行结果：

题目 2： 阅读以下程序。

```
#include <stdio.h>
void fun(int x)
{
  int i;
  for(i=1; i<=x; i=i+2)
  if(x%i==0)
  printf("%d", i);
}
void main()
{
  int x;
  printf("\nplease enter an integer number:");
  scanf("%d",&x);
  fun(x);
}
```

① 程序的功能为：

② 程序运行后输入 8，结果为：

题目 3： 程序填空。在主函数中从键盘输入若干个学生的成绩，调用 fun 函数计算其平均值，并输出低于平均值的学生成绩。要求：输入的学生成绩个数不多于 1000，用输入负数结束输入。

程序如下：

```
#include<stdio.h>
void  fun(float____,int n)          /*$BLANK1$*/
```

```
{
  int i;
  float avg,sum;
  for(sum=0,i=0; i<n; i++)
    sum+=x[i];
  avg=sum/n;
  printf("the average is %f\n",avg);
  for(i=0; i<n; i++)
    if(____avg)                /*$BLANK2$*/
    printf("%f\n",x[i]);
}
void main()
{
  int n;
  float s[1000],a;
  n=0;
  scanf("%f",&a);
  while(a>=0&&n<1000)
  {
    s[n]=a;
    _____ ;                   /*$BLANK3$*/
    scanf("%f",&a);
  }
  if(n>0) fun(s,n);
}
```

① 在下画线处填上恰当的语句。

② 写出程序运行结果：

题目 4：编写程序，用全局变量的方法，分别用两个函数求最大公约数和最小公倍数，但其值不由函数带回。将最大公约数和最小公倍数都设为全局变量，在主函数中输出它们的值。

题目 5：编程实现矩阵主副对角线元素置 1。

题目 6：下列给定程序中，函数 fun 的功能是按以下递归公式求函数值。

fun(n)=0	(n<1 或 n>100)
fun(n)=8	(n=1)
fun(n)=fun(n-1)+3	(n>1 并且 n<=100)

例如：当 n 等于 1 时，函数值为 8；当 n 等于 5 时，函数值为 20。

在主函数中输入 n 的值，并调用 fun 函数。

程序如下：

```
#include <stdio.h>
int fun(int n)
{
```

```
}
void main()
{



}
```

题目 7：编写程序计算代数式 1+1/2!+1/3!+...+1/m!的值。

```
#include<stdio.h>
double fac(int m);
void main()
{






}
double fac(int m)
{




}
```

实验十
指针（一）

一、实验目的

（1）掌握指针的概念，掌握指针变量的定义和使用方法。

（2）熟悉 C 语言指针的一般设计方法。

（3）学会使用 C 语言指针进行程序设计。

（4）学会使用数组的指针和指向数组的指针变量。

（5）能进行简单 C 语言指针语句的设计、调试、编译和运行。

二、实验要求

（1）上机前先阅读和编写好要调试的程序。

（2）上机输入和调试程序并保存。

（3）检查实验结果是否正确。

（4）上机结束后，正确关机并整理实验报告。

三、实验内容

1. 基本内容

题目 1：阅读以下程序。

```
#include<stdio.h>
void main()
{
  int *p1,*p2,a=5;
  float b=10.5;
  *p1=a;
  p2=&b;
  printf("%d,%d\n",(*p1),(*p2));
}
```

分析上面的程序，指出其中的错误。预测程序结果，并上机调试运行程序。

题目2： 预测程序结果，并上机运行程序验证结果。

```c
#include<stdio.h>
void main()
{
  int a=10,b=20,s,t,x[5]={1,2,3,4,5},*p1,*p2;
  p1=&a;
  p2=&b;
  s=*p1+*p2;
  t=*p1**p2;
  printf("a=%d,b=%d,a+b=%d,a*b=%d\n",a,b,s,t);
  p1=x;
  p2=&x[2];
  printf("%d,%d\n",*p1,*p2);
}
```

程序运行结果：

题目3： 预测程序结果，并上机运行程序验证结果。

```c
#include<stdio.h>
void main()
{
  int a[10]={0,1,2,3,4,5,6,7,8,9},x,y,*p;
  p=&a[0];
```

```
    printf("%d  %d  %d\n",*p,*(p+2),*(p+5));
    x=*p++;     /*     等价于 *(p++)     */
    p=&a[0];
    y=*++p;     /*     等价于 *(++p)     */
    printf("%d  %d\n",x,y);
}
```

程序运行结果：

题目 4：预测程序结果，并上机运行程序验证结果。

```
#include<stdio.h>
void main()
{
  char s[]="ABCDEFG",*p=s+7;
  while(--p>&s[0])
    putchar(*p);
  printf("\n");
}
```

程序运行结果：

题目 5：预测程序结果，并上机运行程序验证结果。

```
#include<stdio.h>
void main()
{
  int n1,n2,n3;
  int *pointer_1,*pointer_2,*pointer_3;
  void swap(int *p1,int *p2);
  printf("请输入 3 个整数 n1,n2,n3:");
  scanf("%d,%d,%d",&n1,&n2,&n3);
  pointer_1=&n1;
  pointer_2=&n2;
  pointer_3=&n3;
  if (n1>n2)
    swap(pointer_1, pointer_2);
  if (n1>n3)
```

```
    swap(pointer_1, pointer_3);
  if (n2>n3)
    swap(pointer_2, pointer_3);
  printf("3 个整数为：%d,%d,%d\n",n1,n2,n3);
  }
  void swap(int *p1,int *p2)
  {
    int p;
    p=*p1;
    *p1=*p2;
    *p2=p;
  }
```

① 程序的功能为：

② 如果输入 60，21，8，程序运行结果为：

题目 6： 预测程序结果，并上机运行程序验证结果。

```
#include<stdio.h>
void main()
{
  char s1[80],s2[80],*p1,*p2;
  printf("Input a string:");
  gets(s1);
  printf("Input a string:");
  gets(s2);
  p1=s1;
  p2=s2;
  while(*p1!='\0')
    p1++;
  while(*p2!='\0')
    *p1++=*p2++;
  *p1='\0';
  printf("The result is:%s",s1);
  printf("\n");
}
```

① 程序的功能为：

② 输入"China" "Beijing"，程序运行结果为：

2. 选做内容

题目 7：编程实现输入 3 个字符串，按从小到大的顺序输出。

```c
#include<string.h>
#include<stdio.h>
#include <malloc.h>
void main()
{


}
```

题目 8：已知数组 a[10]={3,8,6,5,4,4,2,9,9,7}，计算数组下标为奇数且数组元素是偶数的元素之和并作为返回值返回主函数，并统计满足条件的元素的个数。

{

实验十一
指针（二）

一、实验目的

（1）掌握指针的多种使用方法。

（2）学会使用字符串的指针和指针数组。

（3）学会使用指向函数的指针变量。

（4）了解指向指针的指针的概念及其使用方法。

二、实验要求

（1）上机前先阅读和编写好要调试的程序。

（2）上机输入和调试程序并保存。

（3）检查实验结果是否正确。

（4）上机结束后，正确关机并整理实验报告。

三、实验内容

1．基本内容

题目 1：预测程序结果，并上机运行程序验证结果。

```c
#include<stdio.h>
void main()
{
  int  a[3][3]={1,2,3,4,5,6,7,8,9};
  int  *pa[3];
  int  *p=a[0], i;                  /* 定义指针变量，取得首地址(列指针) */
  for(i=0; i<3; i++)  pa[i]=a[i];
  for(i=0; i<3; i++)
  printf("%d,%d,%d\n", a[i][2-i], *a[i], *(*(a+i)+i));
  for(i=0; i<3; i++)
  printf("%d,%d,%d\n", *pa[i], p[i], *(p+i));
}
```

程序运行结果：

题目 2：预测程序结果，并上机运行程序验证结果。

```
#include<stdio.h>
#include<string.h>
void main()
{
  int i, j;
  char *ps[4]={"China","Japan","Korea","Australia"},*p;
  printf("original order strings:\n");
  for(i=0; i<4; i++)
  puts(ps[i]);
  for(i=0; i<3; i++)                    /* 对字符串进行排序 */
  for(j=i+1; j<4; j++)
  if(strcmp(ps[i],ps[j])>0)
  {
  p=ps[i];
  ps[i]=ps[j];
  ps[j]=p;
  }
  printf("reordered strings:\n");
  for(i=0; i<4; i++) puts(ps[i]);
  }
```

程序运行结果：

题目 3：预测程序结果，并上机运行程序验证结果。

```c
#include<stdio.h>
#include<stdio.h>
void main()
{
  int i,j,a[4][3]={{1,2,3},{4,5,6},{7,8,9},{10,11,12}};
  int (*p1)[3],(*p2)[3];
  p1=a;
  p2=a;
  printf("\n");
  printf("1: %d,%d",*(*(p1+0)),*(*(p2+0)));
  printf("\n");
  p1++;   p2++;
  printf("2: %d,%d",*p1[0],*p2[0]);
  printf("\n");
  printf("3: %d,%d",*(*(p1+1)+2), *(*(p2+1)+2));
}
```

程序运行结果：

2．选做内容

题目 4：编程实现输入一个 1～7 的整数，输出对应的星期名。

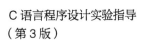
题目 5：编程实现求一维数组中下标为偶数的元素之和。

题目 6：编程实现在多个学生成绩中，输入一位学生的序号，输出该学生的全部成绩。

题目 7：编程实现将数组 a 中前 n 个元素按相反顺序存放。

题目 8：设有 5 个学生，每个学生考 4 门课，编写程序检查这些学生有无考试不及格的课程。若某一学生有一门或一门以上课程不及格，就输出该学生的序号（序号从 0 开始）及其全部课程成绩。

实验十二
结构体与共用体

一、实验目的

（1）掌握结构体类型变量的定义和使用方法。
（2）会使用指向结构体的指针对结构体的成员进行操作。
（3）掌握共用体类型变量的定义和使用。
（4）学会设计简单的结构体程序。

二、实验要求

（1）上机前先阅读和编写好要调试的程序。
（2）上机输入和调试程序并保存。
（3）检查实验结果是否正确。
（4）上机结束后，正确关机并整理实验报告。

三、实验内容

题目 1：阅读下面的程序并给出程序运行结果。

```c
#include<stdio.h>
struct student
{
  char name[10];
  char sex;
  float score;
}stu={"li fang",'f',98};
void main()
{
  struct student *p;
  p=&stu;
  printf("\n%s,%c,%f",stu.name, stu.sex, stu.score);
  printf("\n%s,%c,%f",(*p).name, (*p).sex,(*p).score);
  printf("\n%s,%c,%f",p->name,p->sex,p->score);
}
```

程序运行结果：

题目2： 有一学生信息包含学号、姓名、性别、年龄、电话等，要求设立一个结构体用于存储该学生的信息，实现学生信息的输入和显示。

> ┃ 说明 ┃
>
> （1）使用结构体实现学生信息的存储。
>
> （2）按照序号顺序排列学生信息。
>
> （3）实现按照序号查找学生信息。

题目 3：有 5 个学生，每个学生的数据包括学号、姓名和三门课的成绩。从键盘输入 5 个学生数据，要求打印出三门课平均成绩，以及最高分的学生的数据（包括学生的学号、姓名和其三门课的成绩、平均分数）。

题目 4：编写程序，首先定义一个结构体变量（包括年、月、日），然后从键盘上输入任意的一天（包括年、月、日），最后计算该日在当年中是第几天，此时当然要考虑闰年问题。

实验十三
文件

一、实验目的

（1）掌握文件、缓冲文件系统和文件结构体指针的概念。

（2）掌握文件操作的具体步骤。

（3）学会使用文件的打开、关闭、读、写等文件操作函数。

（4）学会用缓冲文件系统对文件进行简单操作。

二、实验要求

（1）上机前先阅读和编写好要调试的程序。

（2）上机输入和调试程序并保存。

（3）检查实验结果是否正确。

（4）上机结束后，正确关机并整理实验报告。

三、实验内容

1．基本内容

题目 1：在当前盘当前目录下新建 2 个文本文件，其名称和内容如下：

```
文件名: al.txt      a2.txt
内容: 121314 #      252627#
```

写出运行下列程序后的输出结果：

```c
#include<stdio.h>
#include<stdlib.h>
void fc(FILE *fp1)
{
  char c;
  while((c=fgetc(fp1))!='#')
  putchar(c);
```

```c
}

void main()
{
FILE *fp;
if((fp=fopen("al.txt","r"))==NULL)
{
  printf("Can not open file! \n");
  exit(1);
}
else
{
  fc(fp);
  fclose(fp);
}
if((fp=fopen("a2.txt","r"))==NULL)
{
  printf("Can not open file! \n");
  exit(1);
}
else
{
  fc(fp);
  fclose(fp);
}
}
```

题目 2：编写一个程序，实现从键盘输入 200 个字符，存入名为 "f1.txt" 的磁盘文件中。

2. 选做内容

题目 3：编写一个程序，实现将磁盘中当前目录下名为"ccw1.txt"的文本文件复制在同一目录下，文件名改为"ccw2.txt"。

题目 4：编写一个程序，实现对名为"CCW.TXT"的磁盘文件中"@"之前的所有字符加密，加密方法是每个字节的内容减 10。

第 3 部分

上机实验参考答案

实验一　程序的运行环境操作和简单程序运行

题目 2：

程序运行结果：

```
input the radius: 2
12.566400
```

题目 4：

```c
#include <stdio.h>
void main()
{
  float a,b;
  scanf("%f,%f",&a,&b);
  printf("%f",a*b);
}
```

题目 6：

```c
#include<stdio.h>
void  main()
{
char a[20],b[10],c[10],d[2];
int e;
  printf("输入你的专业");
  scanf("%s",a);
  printf("输入你的学号");
  scanf("%s",b);
  printf("输入你的姓名");
  scanf("%s",c);
  printf("\n 输入你的性别");
  scanf("%s",d);
  printf("输入你的年龄");
  scanf("%d",&e);
  printf("\n 你的专业是：%s,学号是：%s,姓名是：%s",a,b,c);
  printf("\n 你的性别是：%s,年龄是：%d",d,e);
}
```

实验二　数据类型、运算符及表达式

题目 4：

```c
#include<stdio.h>
void main()
{
  float f,c;                 /*变量定义*/
  printf("输入华氏温度");
```

```
  scanf("%f",&f);
  c=5.0*(f-32.0)/9.0;
  printf("对应的摄氏温度%6.2f\n",c);
}
```

题目 5：

```
#include<stdio.h>
void main()
{
  float x,y,z,min;               /*变量定义*/
  printf("输入 3 个单精度浮点数");
  scanf("%f%f%f",&x,&y,&z);
  min=x;
  if(min>y)
    min=y;
  if(min>z)
    min=z;
  printf("浮点数%f,%f,%f 中的最小值是%f\n",x,y,z,min);
}
```

实验三　顺序结构程序设计

题目 1：

```
① input a character:k
   Hk
   AAA
② Hh
   AAA
③ Hh
   AAB
```

题目 2：

```
①
a=12,b=12
c=12.000000,d=1.20000e+01
e=12.000000,f=12.000000
g=a,h=97
②
a=12,b=12
c=12.000000,d=1.20000e+01
e=0.000000,f=0.000000
g=a,h=97
```

题目 3：

① 提示：两个变量交换值。

② a=9, b=5。

题目 4：

```c
#include <stdio.h>
void main()
{
  char c1,c2;
  printf("input a character: ");
  c1=getchar();
  c2=c1-32;
  putchar(c2);
 }
```

题目 5：

```c
#include<stdio.h>
void main()
{
  int x,y;
  printf("input x: ");
  scanf("%d",&x);
  if (x<1)
  {
    y=x;
    printf("x=%d,y=x=%d\n",x,y);
  }
  else if(1<=x && x<15)
  {
    y=6*x+x*x;
    printf("x=%d,y=6*x+x*x=%d\n",x,y);
  }
    else
  {
    y=2*x-1;
    printf("x=%d,y=2*x-1=%d\n",x,y);
  }
}
```

实验四　选择结构程序设计

题目 1：

① 提示：（1）中是 if-else-if 结构，（2）中是两个 if 单分支语句。

②（1）18　（2）23

题目 2：

① 提示：if-else-if 结构。

② 3

题目 3：

① 提示：if 语句嵌套。

② 4

题目 4：

7415

题目 5：

```c
#include<stdio.h>
void main()
{
  int a,b,c,t;
  printf("Please input three numbers:");
  scanf("%d,%d,%d",&a,&b,&c);
  if (a>b)
  {
    t=a;
    a=b;
    b=t;
  }
  if (a>c)
  {
    t=c;
    c=a;
    a=t;
  }
  if (b>c)
  {
    t=b;
    b=c;
    c=t ;
  }
  printf("Three numbers after sorted: %d,%d,%d\n",a,b,c);
}
```

题目 6：

```c
#include <stdio.h>
void main()
{
  int year;
  printf("Enter year:");
  scanf("%d",&year);
  if (year%400==0 || (year%4==0 && year%100!=0))
    printf("%d is a leap year.\n",year);
  else
    printf("%d is not a leap year.\n",year);
}
```

实验五　循环结构程序设计

题目 1：

① 提示：i 每次自增 2，循环体执行 5 次。

② 30

③ 用 while 语句改写：

```c
#include<stdio.h>
void main()
{
  int i,s=0;
  i=1;
  while(i<10)
  {
    s+=i+1;
    i+=2;
  }
  printf("%d\n",s);
}
```

用 do-while 语句改写：

```c
#include<stdio.h>
void main()
{
  int i,s=0;
  i=1;
  do
  {
    s+=i+1;
    i+=2;
  } while(i<10);
  printf("%d\n",s);
}
```

题目 2：

① 9

② 53

③ 提示：break;的功能是结束本层循环，而 continue 的功能是结束本次循环。

题目 3：

```c
#include<stdio.h>
void main()
{
  int i;
  double h=100,s=100;
  for(i=1;i<=10;i++)
  {
```

```
    h*=0.5;
    if(i==1) continue;
    s=2*h+s;
  }
  printf("s=%f,h=%f\n",s,h);
}
```

题目 4：

```
#include <stdio.h>
void main()
{
  int i,j,n;
  printf("input n:\n");
  scanf("%d",&n);
  for(i=0;i<n;i++)
  {
    for(j=1;j<=30;j++)
    printf(" ");
    for(j=1;j<=2*i+1;j++)
    printf("*");
    printf("\n");
  }
}
```

题目 5：（假设课程满分是 100 分）

```
#include <stdio.h>
void main()
{
  float score,max,min,sum,average;
  int i;
  max=0,min=100,sum=0;
  for(i=1;i<=5;i++)
  {
    printf("input score:\n");
    scanf("%f",&score);
    sum+=score;
    if(max<score)
      max=score;
    if(min>score)
      min=score;
  }
  average=sum/5.0;
  printf("average is %.2f\n",average);
  printf("max is %.2f\n",max);
  printf("min is %.2f\n",min);
}
```

实验六　数组（一）

题目 1：

① 程序的功能：求所有数组元素的和。

② 程序运行结果：s=45

题目 2：

① 程序的功能：求所有数组元素中奇数的个数及奇数平均值。

② 程序运行结果：k=5,ave=5.000000

题目 4：

```
#include<stdio.h>
void main()
{
  int i,max,min,a[10];
  for(i=0;i<10;i++)
  scanf("%d",&a[i]);
  max=a[0];
  min=a[0];
   for(i=1;i<10;i++)
   {
    if (max<a[i])  max=a[i];
    if (min>a[i])  min=a[i];
   }
  printf("max=%d,min=%d",max,min);
}
```

题目 5：

```
#include<stdio.h>
void main()
{
  int i,n=10;
  float s,a[10] ;
  printf("Enter %d numbers! \n",n);
  for( i=0; i< n; i++)
  {
    scanf("%f",&s);
    a[i]=s;
  }
  for(s=0.0,i=0; i<n; i++)
    s+=a[i];
  s/=n;
  printf("平均值是%.2f\n", s);
}
```

题目 6：

```
#include<stdio.h>
```

```
void main()
{
  int a[10],i,j,t,n=10;
  printf("Enter %d numbers!  \n", n);
  for(i=0;i<n;i++)
    scanf("%d",&a[i]);
  for(i=0,j=n-1; i<j; i++,j--)
  {
    t=a[i];
    a[i]=a[j];
    a[j]=t;
  }
  for(i=0; i<n; i++)
    printf("%d\t", a[i]);
  printf("\n");
}
```

实验七　数组（二）

题目 1：
① 程序的功能：求矩阵中主对角线上的数之和。
② 程序运行结果：sum=27

题目 2：
程序运行结果：Def

题目 3：
程序运行结果：ahAMa

题目 4：
① 程序的功能：字符排序。
② 程序运行结果：snnliaa

题目 5：
```
#include<stdio.h>
void main()
{
  int a[3][5],i,j,t,n=3, m=5, min, max, minrow, mincol, maxrow, maxcol;
```

```
        printf("Enter %d*%d numbers ! \n", n,m);
    for(i=0; i<n; i++)
    for( j=0;j<m; j++)
    {
      scanf("%d", &t);
      a[i][j]=t;
    }
    min=max=a[0][0];
    minrow=mincol=maxrow=maxcol=0;
    for(i=0; i<n; i++)
    for(j=0; j<m; j++)
    {
      if( a[i][j]> max )
      {
        max=a[i][j];
        maxrow=i;
        maxcol=j;
      }
      if(a[i][j]<min)
      {
        min=a[i][j];
        minrow=i;
        mincol=j;
      }
    }
    printf("%d,%d,%d,%d,%d,%d  \n", maxrow,maxcol,max,minrow,mincol,min);
}
```

题目 6：

```
#include<stdio.h>
#define N 50
#define M 3
void main()
{
  int score[N][M],i,j,t;
  double a[M];
  printf("Enter scores! \n");
  for(i=0; i<N; i++)
  for(j=0; j<M; j++)
  {
    scanf("%d",&t);
    score[i][j]=t;
  }
  for(j=0; j<M; j++) a[j]=0.0;
  for(j=0; j<M; j++)
  {
    for(i=0; i<N; i++)
```

```
        a[j]+=score[i][j];
    a[j]/=N;
  }
  for(j=0; j<M; j++)
    printf("课程%d的平均分是%.2f\n", j+1,a[j]);
}
```

实验八 函数（一）

题目 1：
程序运行结果：5

题目 2：
程序运行结果：

```
before swap a=5,b=10
in swap a=10,b=5
after swap a=5,b=10
```

题目 5：
```
#include<stdio.h>
#include<math.h>
int pn(int n);
void main()
{
  int num,i,f1,f2;
  printf("        验证哥德巴赫猜想        \n\n");
  while(1)
  {
    printf("输入一个大于6的偶数(输入0退出)： ");
    scanf("%d",&num);
    if(0==num)
      break;
    for(i=3; i<=num/2; i+=2)
    {
      f1=pn(i);
      f2=pn(num-i);
      if(f1&&f2)
    {
      printf("%d=%d+%d\n",num,i,num-i);
      break;
    }
    }
  }
}
int pn(int n)
```

```
{
  int j;
  float k;
  k=sqrt(n);
  for(j=2; j<=k; j++)
  {
    if(n%j==0)
    return 0;
  }
  return 1;
}
```

题目 6：

```
#include<stdio.h>
long int fibonacci(int n);
void main()
{
  int n,i;
  long m;
  printf("    斐波那契数列\n\n");
  printf("请输入数列长度：");
  scanf("%d",&n);
  for(i=1; i<=n; i++)
  {
    m=fibonacci(i);
    printf("%5d",m);
  }
  printf("\n");
}
long fibonacci(int n)
{
  long m;
  if(n==1||n==2)
    m=1;
  else
    m=fibonacci(n-1)+fibonacci(n-2);
  return m;
}
```

实验九　函数（二）

题目 1：

① 程序的功能：字符小写转大写。

② 程序运行结果：BCDABC1230

题目 2：

① 程序的功能：输出一个数的所有约数。

② 程序运行结果：1 2 4 8

题目 5：

```c
#include<stdio.h>
void main()
{
  int i,j;
  int a[10][10];
  printf("    矩阵主副对角线元素置1\n\n");
  for(i=0; i<10; i++)
  for(j=0; j<10; j++)
  {
    if(i==j||i==9-j)
    a[i][j]=1;
    else
    a[i][j]=0;
  }
  for(i=0; i<10; i++)
  {
    for(j=0; j<10; j++)
    printf("%3d",a[i][j]);
    printf("\n");
  }
}
```

题目 6：

```c
#include<stdio.h>
int fun(int n)
{
  int c;
  if(n<1||n>100)
    c=0;
  else if(n==1)
    c=8;
  else
    c=fun(n-1)+3;
  return(c);
}
void main()
{
  int n;
```

```
   printf("Enter n: ");
   scanf("%d",&n);
   printf("The result is %d\n",fun(n));
}
```

题目7：

```
#include<stdio.h>
double fac(int m);
void main()
{
  int i,m;
  float sum;
  printf("计算代数式\n\n");
  printf("输入1个自然数：");
  scanf("%d",&m);
  sum=0;
  for(i=1; i<=m; i++)
    sum=sum+(float)(1/fac(i));
  printf("计算结果为%f\n",sum);
}
double fac(int m)
{
  int i;
  double k=1;
  for(i=1; i<=m; i++)
    k=k*i;
  return k;
}
```

实验十　指针（一）

题目1：

本程序的错误共有两处。

第1个错误是使用了未赋值的指针变量。程序的第2行定义p1为指针变量，但并没有赋值。而语句*p1=a的功能是给p1所指向的变量赋值，但p1未指向任何变量，这容易引起系统的混乱，是不允许的。

第2个错误是"类型不匹配"，即指针变量的类型与其指向变量的类型不相同。程序中定义p2是指向int型的指针变量，语句p2=&b;将浮点型变量b的地址赋予指向int型的指针变量p2，出现了类型不匹配的错误。

正确的源程序：

```
#include<stdio.h>
void main()
{
  int *p1,*p2,a=5;
```

```
  int b=10.5;
  p1=&a;
  *p1=a;
  p2=&b;
  printf("%d,%d\n",(*p1),(*p2));
}
```

程序运行结果：

```
5, 10
```

题目 2：
程序运行结果：

```
a=10,b=20,a+b=30,a*b=200
```

题目 3：
程序运行结果：

```
0   2   5
0   1
```

题目 4：
程序运行结果：

```
GFEDCB
```

题目 5：
① 程序的功能：输入 3 个整数，按从小到大的顺序输出。

② 如果输入 60，21，8，程序运行结果为：8，21，60。

题目 6：
① 程序的功能：将两个字符串 s1 和 s2 连接起来，结果存放在 s1 中。

② 输入"China" "Beijing"，程序运行结果为：

```
Input a string: China
Input a string: Beijing
The result is: ChinaBeijing
```

题目 7：
```c
#include<string.h>
#include<stdio.h>
#include<malloc.h>
void main()
{
  char str1[20], str2[20], str3[20];
  void swap(char *p1,char *p2);
```

```
    printf("请按行输入 3 个字符串：\n");
    scanf("%s",str1);
    scanf("%s",str2);
    scanf("%s",str3);
    if (strcmp(str1,str2)>0)
      swap(str1,str2);
    if (strcmp(str1,str3)>0)
      swap(str1,str3);
    if (strcmp(str2,str3)>0)
      swap(str2,str3);
    printf("3 个字符串为：\n");
    printf("%s\n%s\n%s\n",str1,str2,str3);
}
void swap(char *p1,char *p2)
{
  char *p;
  p=(char *)malloc(sizeof(char));   //malloc 函数：动态分配内存
  strcpy(p,p1);
  strcpy(p1,p2);
  strcpy(p2,p);
}
```

题目 8：

```
#define N  10
#include "stdio.h"
int fun(int a[ ],int *n)
{
  int i,sum=0;
  for(i=0; i<N; i++)
    if(i%2&&a[i]%2==0)
    {
      sum+=a[i];
      *n+=1;
    }
  return sum;
}
void main()
{
  int  a[N]={3,8,6,5,4,4,2,9,9,7},i,n=0,sum;
  printf("输出数组元素:");
  for(i=0; i<N; i++)
    printf("%5d",a[i]);
  printf("\n");
  sum=fun(a,&n);
  printf("sum is  %d",sum);
  printf("\n");
```

```
    printf("count is  %d",n);
    printf("\n");
}
```

实验十一　指针（二）

题目 1：
程序运行结果：

```
3, 1, 1
5, 4, 5
7, 7, 9
1, 1, 1
4, 2, 2
7, 3, 3
```

题目 2：
程序运行结果：

```
original order strings:
China
Japan
Korea
Australia
reordered strings:
Australia
China
Japan
Korea
```

题目 3：
程序运行结果：

```
1: 1, 1
2: 4, 4
3: 9, 9
```

题目 4：

```
#include<stdio.h>
#include<stdlib.h>
char *day_name(int n)
{
  char *name[]={"Illegalday","Monday","Tuesday",
  "Wednesday","Thursday","Friday",
  "Saturday","Sunday"};
  return((n<1||n>7)?name[0]:name[n]);          /*将指针数组元素存放的地址值返回*/
}
main()
```

```
{
  int i;
  printf("Input Day No.:\n");
  scanf("%d",&i);
  if(i<0)
    exit(1);
  printf("Day No.:%2d->%s\n",i,day_name(i));  /*day_name 的返回值决定输出字符串*/
}
```

题目 5：

```
#include<stdio.h>
void main()
{
  int add(int *p, int n);
  int a[8]={1, 2, 3, 4, 5, 6, 7, 8};
  int *p, sum;
  p=&a[0];
  sum=add(p,8);
  printf("sum=%d\n", sum);
}
int add(int *p1, int n)
{
  int i, total=0;
  for (i=0; i<n; i+=2, p1+=2)
  total=total+*p1;
  return(total);
}
```

题目 6：

```
#include<stdio.h>
float *search(float (*pointer)[4],int n)              /*函数定义*/
{
  float *pt;
  pt=*(pointer+n);
  return (pt);
}
void main()
{
  static float score[][4]={{60,70,80,90},{56,88,87,90},{38,90,78,47}};
  float *p;
  int i,m;
  printf("enter the number of student:");
  scanf("%d",&m);
  printf("The score of No.%d are:\n",m);
  p=search(score,m);                                  /*函数调用*/
  for (i=0; i<4; i++)
    printf("%5.2f\t",*(p+i));
```

```
  printf("\n");
}
```

题目 7：

```
#include<stdio.h>
void inv(int *x,int n)          /*形参 x 为指针变量*/
{
  int *p,*i,*j,temp;
  for(i=x,j=x+n-1; i<j; i++,j--)
  {
    temp=*i;
    *i=*j;
    *j=temp;
  }
}
void main()
{
  int i,n,a[10]={2,4,6,8,10,12,14,16,18,20};
  int *p;
  printf("the original array:\n");
  for(i=0; i<10; i++)
  printf("%3d",a[i]);
  printf("\n");
  p=a;                                    /*给实参指针变量 p 赋值*/
  printf("input to n:\n");
  scanf("%d",&n);
  inv(p,n);                               /*实参 p 为指针变量*/
  printf("the array after invented:\n");
  for(p=a; p<a+10; p++)
    printf("%3d ",*p);
  printf("\n");
}
```

题目 8：

```
#include<stdio.h>
void main()
{
  int score[5][4]={{62,87,67,95},{95,85,98,73},
  {66,92,81,69},{78,56,90,99},{60,79,82,89}};
  int (*p)[4],j,k,flag;
  p=score;
  for(j=0; j<5; j++)
  {
    flag=0;
    for(k=0; k<4; k++)
    if(*(*(p+j)+k)<60)  flag=1;
    if(flag==1)
```

```
    {
      printf("No.%d is fail,scores are:\n",j);
      for(k=0; k<4; k++)
        printf("%5d",*(*(p+j)+k));
      printf("\n");
    }
  }
}
```

实验十二　结构体与共用体

题目1：
程序运行结果：

```
li fang, f, 98.000000
li fang, f, 98.000000
li fang, f, 98.000000
```

题目2：

```c
#include<stdio.h>
struct student
{
  char num[10];
  char name[10];
  char sex[5];
  int age;
};
void main()
{
  struct student stu[3];
  int i;
  int choice;
  printf("You can input three students\n");
  for(i=0; i<3; i++)
  {
    if( i==0 )
      printf("The first one\n");
    if( i==1 )
      printf("The second one\n");
    if( i==2 )
      printf("The third one\n");
    printf("  input number:");
    scanf("%s",stu[i].num);
    printf("  input name:");
    scanf("%s",stu[i].name);
    printf("  input sex:");
    scanf("%s",stu[i].sex);
    printf("  input age:");
```

```
    scanf("%d",&stu[i].age);
  }
  printf("Which one do you want to see?(1,2,3)");
  scanf("%d",&choice);
  choice--;
  printf("  The number is %s\n",stu[choice].num);
  printf("  The name is %s\n",stu[choice].name);
  printf("  The sex is %s\n",stu[choice].sex);
  printf("  The age is %d\n",stu[choice].age);
}
```

题目 3：

```
#include<stdio.h>
struct student
{
  char num[6];
  char name[8];
  int score[4];
  float avr;
}stu[5];
void main()
{
  int i,j,max,maxi,sum;
  float average;
  /* 输入 */
  for(i=0; i<5; i++)
  {
    printf("\n 请输入学生%d 的成绩:\n",i+1);
    printf("学号: ");
    scanf("%s",stu[i].num);
    printf("姓名: ");
    scanf("%s",stu[i].name);
    for(j=0; j<3; j++)
  {
    printf("%d 成绩: ",j+1);
    scanf("%d",&stu[i].score[j]);
  }
}
/* 计算 */
average=0;
max=0;    maxi=0;
for(i=0; i<5; i++)
{
  sum=0;
  for(j=0; j<3; j++)
    sum+=stu[i].score[j];
```

```
  stu[i].avr=sum/3.0;
  average+=stu[i].avr;
  if(sum>max)
  {
    max=sum;
    maxi=i;
  }
}
average/=5;
/*  打印  */
printf("  学号  姓名  成绩1  成绩2  成绩3  平均分\n");
for(i=0; i<5; i++)
{
  printf("%8s %10s",stu[i].num,stu[i].name);
  for(j=0; j<3; j++)
    printf("%-8d",stu[i].score[j]);
  printf("%10.2f\n",stu[i].avr);
}
printf("平均成绩是：%5.2f\n",average);
printf("最好成绩是：学生 %s， 总分是： %d\n",stu[maxi].name,max);
}
```

题目 4：

```
#include"stdio.h"
struct date
{
  int year;
  int month;
  int day;
};

int Day(struct date *p)
{
  int a[13]={0,31,28,31,30,31,30,31,31,30,31,30,31};
  int b[13]={0,31,29,31,30,31,30,31,31,30,31,30,31};
  int i,n=0,m=p->year;
  if((m%4==0&&m%100!=0)||(m%400==0))
  {
    for(i=1; i<p->month; i++)
    n+=b[i];
    n+=p->day;
  }
  else
  {
    for(i=1; i<p->month; i++)
    n+=a[i];
```

```
    n+=p->day;
  }
  return n;
}
void main()
{
  struct date a;
  printf("\nInput:");
  scanf("%d%d%d",&a.year,&a.month,&a.day);
  printf("\n%d.%d.%d is the %d day in this year!\n",
    a.year,a.month, a.day,Day(&a));
}
```

实验十三　文件

题目 1：
输出结果：121314252627

题目 2：
```
#include<stdio.h>
#include<stdlib.h>
FILE *fp;
void main()
{
  int i, ch;
  if((fp=fopen("f1.txt","w"))==NULL)
  {
    printf("Can't open file %s.\n","f1.txt");
    exit(0);
  }
  printf("Enter 200 characters. \n");
  for(i=1; i<=200; i++)
  {
    ch=getchar();
    if(ch==EOF) break;
    fputc(ch,fp);
  }
  fclose(fp);
}
```

题目 3：
```
#include<stdio.h>
#include<stdlib.h>
FILE *rp, *wp;
void main()
{
  int c;
  if((rp=fopen("ccw1.txt","r"))==NULL)
```

```
  {
    printf("Can't open file %s.\n","ccw1.txt");
    exit(0);
  }
  if((wp=fopen("ccw2.txt","w"))== NULL)
  {
    printf("Can't open file %s.\n","ccw2.txt");
    exit(0);
  }
  while((c=fgetc(rp))!=EOF)
  fputc(c,wp);
  fclose(wp);
  fclose(rp);
}
```

题目 4：

```
#include<stdio.h>
#include<stdlib.h>
#define DALTA 10
FILE *rp;
void main()
{
  int c;
  if((rp=fopen("ccw.txt","r+"))==NULL )
  {
    printf("Can't open file %s.\n","ccw.txt");
    exit(0);
  }
  while((c=fgetc(rp))!=EOF)
  {
    if(c=='@') break;
    c+=DALTA;
    fseek(rp,-1L,1);
    fputc(c,rp);
    fseek(rp,0L,1);
  }
  fclose(rp);
}
```

第 4 部分

全国计算机等级考试二级 C 语言
考试大纲及模拟试卷

- 全国计算机等级考试二级 C 语言考试大纲
- 全国计算机等级考试二级 C 语言笔试模拟试卷 1
- 全国计算机等级考试二级 C 语言笔试模拟试卷 2
- 全国计算机等级考试二级 C 语言笔试模拟试卷 3
- 全国计算机等级考试二级 C 语言笔试模拟试卷 4

全国计算机等级考试二级C语言考试大纲

◆ **基本要求**

（1）熟悉 Visual C++ 6.0 集成开发环境。

（2）掌握结构化程序设计的方法，具有良好的程序设计风格。

（3）掌握程序设计中简单的数据结构和算法，并能阅读简单的程序。

（4）在 Visual C++ 6.0 集成环境下，能够编写简单的 C 语言程序，并具有基本的纠错和调试程序的能力。

◆ **考试内容**

一、C 语言程序的结构

（1）程序的构成，main 函数和其他函数。

（2）头文件，数据说明，函数的开始和结束标志以及程序中的注释。

（3）源程序的书写格式。

（4）C 语言的风格。

二、数据类型及其运算

（1）C 语言的数据类型（基本类型，构造类型，指针类型，无值类型）及其定义方法。

（2）C 语言运算符的种类、运算优先级和结合性。

（3）不同类型数据间的转换与运算。

（4）C 语言表达式类型（赋值表达式，算术表达式，关系表达式，逻辑表达式，条件表达式，逗号表达式）和求值规则。

三、基本语句

（1）表达式语句，空语句，复合语句。

（2）输入/输出函数的调用，正确输入数据并正确设计输出格式。

四、选择结构程序设计

（1）用 if 语句实现选择结构。

（2）用 switch 语句实现多分支选择结构。

（3）选择结构的嵌套。

五、循环结构程序设计

（1）for 循环结构。

（2）while 和 do-while 循环结构。

（3）continue 语句和 break 语句。

（4）循环的嵌套。

六、数组的定义和引用

（1）一维数组和二维数组的定义、初始化和数组元素的引用。

（2）字符串与字符数组。

七、函数

（1）库函数的正确调用。

（2）函数的定义方法。

（3）函数的类型和返回值。

（4）形式参数与实在参数，参数值传递。

（5）函数的正确调用，嵌套调用，递归调用。

（6）局部变量和全局变量。

（7）变量的存储类别（自动、静态、寄存器、外部），变量的作用域和生存期。

八、编译预处理

（1）宏定义和调用（不带参数的宏，带参数的宏）。

（2）"文件包含"处理。

九、指针

（1）地址与指针变量的概念，地址运算符与地址运算。

（2）一维、二维数组和字符串的地址以及指向变量、数组、字符串、函数、结构体的指针变量的定义。通过指针引用以上各类型数据。

（3）用指针作函数参数。

（4）返回地址值的函数。

（5）指针数组，指向指针的指针。

十、结构体（即"结构"）与共同体（即"联合"）

（1）用 typedef 说明一个新类型。

（2）结构体和共用体类型数据的定义和成员的引用。

（3）通过结构体构成链表，单向链表的建立，节点数据的输出、删除与插入。

十一、位运算

（1）位运算符的含义和使用方法。

（2）简单的位运算。

十二、文件操作

只要求缓冲文件系统（即高级磁盘 I/O 系统），对非缓冲文件系统（即低级磁盘 I/O 系统）不要求。

（1）文件类型指针（FILE 类型指针）。

（2）文件的打开与关闭（fopen，fclose）。

（3）文件的读写（fputc，fgetc，fputs，fgets，fread，fwrite，fprintf，fscanf 函数的应用），文件的定位（rewind，fseek 函数的应用）。

◆ 考试方式

（1）笔试：90 分钟，满分 100 分，其中含公共基础知识部分的 30 分。

（2）上机：90 分钟，满分 100 分。

（3）上机操作包括：

① 填空。

② 改错。

③ 编程。

全国计算机等级考试二级 C 语言笔试模拟试卷 1

一、选择题（每题 2 分，共计 70 分）

1. 栈和队列的共同特点是（　　　）。

　　A. 都是先进先出　　　　　　　　　　B. 都是先进后出

　　C. 只允许在端点处插入和删除元素　　D. 没有共同点

2. 已知二叉树后序遍历序列是 dabec，中序遍历序列是 debac，它的前序遍历序列是（　　　）。

　　A. acbed　　　　　B. decab　　　　　C. deabc　　　　　D. cedba

3. 链表不具有的特点是（　　　）。

　　A. 不必事先估计存储空间　　　　　　B. 可随机访问任意元素

　　C. 插入删除不需要移动元素　　　　　D. 所需空间与线性表长度成正比

4. 结构化程序设计的 3 种结构是（　　　）。

　　A. 顺序结构、选择结构、转移结构　　B. 分支结构、等价结构、循环结构

　　C. 多分支结构、赋值结构、等价结构　D. 顺序结构、选择结构、循环结构

5. 为了提高测试的效率，应该（　　　）。

　　A. 随机选取测试数据　　　　　　　　B. 取一切可能的输入数据作为测试数据

　　C. 在完成编码以后制定软件的测试计划　D. 集中对付那些错误群集的程序

6. 算法的时间复杂度是指（　　　）。

　　A. 执行算法程序所需要的时间

　　B. 算法程序的长度

　　C. 算法执行过程中所需要的基本运算次数

　　D. 算法程序中的指令条数

7. 软件生命周期中所花费用最多的阶段是（　　　）。

　　A. 详细设计　　　　B. 软件编码　　　　C. 软件测试　　　　D. 软件维护

8. 数据库管理系统（DBMS）中用来定义模式、内模式和外模式的语言为（　　　）。

　　A. C　　　　　　　B. BASIC　　　　　C. DDL　　　　　　D. DML

9. 下列有关数据库的描述，正确的是（　　　）。

　　A. 数据库是一个 DBF 文件　　　　　B. 数据库是一个关系

C. 数据库是一个结构化的数据集合　　　　D. 数据库是一组文件

10. 下列有关数据库的描述，正确的是（　　　）。

A. 数据处理是将信息转化为数据的过程

B. 数据的物理独立性是指当数据的逻辑结构改变时，数据的存储结构不变

C. 关系中的每一列称为元组，一个元组就是一个字段

D. 如果一个关系中的属性或属性组并非该关系的关键字，但它是另一个关系的关键字，则称其为本关系的外关键字

11. 以下叙述中正确的是（　　　）。

A. C语言比其他语言高级

B. C语言可以不用编译就能被计算机识别执行

C. C语言以接近英语国家的自然语言和数学语言作为语言的表达形式

D. C语言出现得最晚，具有其他语言的一切优点

12. C语言中用于结构化程序设计的3种基本结构是（　　　）。

A. 顺序结构、选择结构、循环结构　　　　B. if、switch、break

C. for、while、do-while　　　　　　　　D. if、for、continue

13. C语言中最简单的数据类型包括（　　　）。

A. 整型、实型、逻辑型　　　　　　　　　B. 整型、实型、字符型

C. 整型、字符型、逻辑型　　　　　　　　D. 字符型、实型、逻辑型

14. 若变量已正确定义并赋值，以下符合C语言语法的表达式是（　　　）。

A. a:=b+1　　　　　　　　　　　　　　B. a=b=c+2

C. int 18.5%3　　　　　　　　　　　　D. a=a+7=c+b

15. 下列可用于C语言用户标识符的一组是（　　　）。

A. voiddefineWORD　　　　　　　　　　B. a3_b3_123Car

C. For-abcIFCase　　　　　　　　　　　D. 2aDOsizeof

16. 若变量a和i已正确定义，且i已正确赋值，合法的语句是（　　　）。

A. a==1　　　　　B. ++i;　　　　　C. a=a++=5;　　　　D. a=int(i);

17. 已知：

```
int t=0;
while (t=1)
{…}
```

则以下叙述正确的是（　　　）。

A. 循环控制表达式的值为0　　　　　　　B. 循环控制表达式的值为1

C. 循环控制表达式不合法　　　　　　　　D. 以上说法都不对

18. 有如下程序：

```
main()
{
int x=1,a=0,b=0;
switch(x)
```

```
{
case 0: b++;
case 1: a++;
case 2: a++;b++;
}
printf("a=%d,b=%d\n",a,b);
}
```

该程序的输出结果是（　　）。

    A.　a=2,b=1　　　　　　B.　a=1,b=1　　　　　　C.　a=1,b=0　　　　　　D.　a=2,b=2

19. 有以下程序：

```
main()
{ int i=1,j=1,k=2;
if((j++||k++)&& i++)
printf("%d,%d,%d\n",i,j,k);
}
```

执行后的输出结果是（　　）。

    A.　1,1,2　　　　　　B.　2,2,1　　　　　　C.　2,2,2　　　　　　D.　2,2,3

20. 有如下程序：

```
main()
{ int n=9;
while(n>6){n--; printf("%d",n);}
}
```

该程序的输出结果是（　　）。

    A.　987　　　　　　B.　876　　　　　　C.　8765　　　　　　D.　9876

21. 在下列选项中，没有构成死循环的是（　　）。

    A.　int i=100;

```
while(1)
{ i=i+0+1;
if(i>100)break;
}
```

    B.　for(;;);

    C.　int k=10000;

```
do{ k++; }while(k>10000);
```

    D.　int s=36;

```
while(s)--s;
```

22. 若已定义的函数有返回值，则以下关于该函数调用的叙述中，错误的是（　　）。

    A.　函数调用可以作为独立的语句存在　　　　B.　函数调用可以作为一个函数的实参

    C.　函数调用可以出现在表达式中　　　　　　D.　函数调用可以作为一个函数的形参

23. 有以下程序：

```
float fun(int x,int y)
```

```
{ return(x+y);}
main()
{ int a=2,b=5,c=8;
printf("%3.0f\n",fun((int)fun(a+c,b),a-c));
}
```

程序运行后的输出结果是（　　　）。

  A. 编译出错   B. 9   C. 21   D. 9.0

24. 若有以下调用语句，则不正确的 fun 函数的首部是（　　　）。

```
main()
{ …
int a[50],n;
…
fun(n,&a[9]);
…
}
```

  A. void fun（int m, int x[ ]）   B. void fun（int s, int h[41]）

  C. void fun（int p, int *s）   D. void fun（int n, int a）

25. 设有以下说明语句：

```
struct stu
{ int a;
  float b;
} stutype;
```

则下面的叙述不正确的是（　　　）。

  A. struct 是结构体类型的关键字   B. struct stu 是用户定义的结构体类型

  C. stutype 是用户定义的结构体类型名   D. a 和 b 都是结构体成员名

26. 若运行时给变量 x 输入 12，则以下程序的运行结果是（　　　）。

```
main()
{ int x,y;
  scanf("%d",&x);
  y=x>12 ? x+10 : x-12;
  printf("%d\n",y);
}
```

  A. 0   B. 22   C. 12   D. 10

27. 以下说法正确的是（　　　）。

  A. C 语言程序总是从第一个函数开始执行

  B. 在 C 语言程序中，要调用函数必须在 main() 函数中定义

  C. C 语言程序总是从 main() 函数开始执行

  D. C 语言程序中的 main() 函数必须放在程序的开始部分

28. 有以下程序：

```
#define F(X,Y)(X)*(Y)
main()
{ int a=3, b=4;
printf("%d\n", F(a++, b++));
}
```

程序运行后的输出结果是（　　　）。

    A. 12   B. 15   C. 16   D. 20

29. 下列程序执行后的输出结果是（　　　）。

```
void func(int *a,int b[])
{ b[0]=*a+6; }
main()
{ int a,b[5]={0};
a=0; b[0]=3;
func(&a,b); printf("%d\n",b[0]);
}
```

    A. 6   B. 7   C. 8   D. 9

30. 若有下面的程序段：

```
char s[]="China";char *p; p=s;
```

则下列叙述正确的是（　　　）。

    A. s 和 p 完全相同

    B. 数组 s 中的内容和指针变量 p 中的内容相等

    C. 数组 s 的长度和 p 所指向的字符串长度相等

    D. *p 与 s[0] 相等

31. 以下程序中函数 sort 的功能是对 a 数组中的数据进行由大到小的排序：

```
void sort(int a[],int n)
{ int i,j,t;
  for(i=0; i<,n-1; i++)
  for(j=i+1; j<n; j++)
      if(a[i]<a[j])
      {t=a[i];a[i]=a[j];a[j]=t;}
main()
{ int aa[10]={1,2,3,4,5,6,7,8,9,10},i;
  sort(&aa[3],5);
  for(i=0; i<10; i++)printf("%d,",aa[i]);
printf("\n");
}
```

程序运行后的输出结果是（　　　）。

    A. 1,2,3,4,5,6,7,8,9,10,   B. 10,9,8,7,6,5,4,3,2,1,

C. 1,2,3,8,7,6,5,4,9,10,　　　　　　　　D. 1,2,10,9,8,7,6,5,4,3,

32. 以下程序的运行结果是（　　　）。

```
#include"stdio.h"
main()
{ struct date
{ int year,month,day;}today;
printf("%d\n",sizeof(struct date));
}
```

　　A. 6　　　　　　　B. 8　　　　　　　C. 10　　　　　　　D. 12

33. 在执行下述程序时，若从键盘输入 6 和 8，结果为（　　　）。

```
main()
{ int a,b,s;
scanf("%d%d",&a,&b);
s=a;
if(as=b);
s*=s;
printf("%d",s);
}
```

　　A. 36　　　　　　　B. 64　　　　　　　C. 48　　　　　　　D. 以上都不对

34. 下列关于 C 语言数据文件的叙述，正确的是（　　　）。

　　A. 文件由 ASCII 码字符序列组成，C 语言只能读写文本文件

　　B. 文件由二进制数据序列组成，C 语言只能读写二进制文件

　　C. 文件由记录序列组成，可按数据的存放形式分为二进制文件和文本文件

　　D. 文件由数据流形式组成，可按数据的存放形式分为二进制文件和文本文件

35. 有以下程序：

```
void ss(char *s,char t)
{ while(*s)
{ if(*s==t)*s=t-'a'+'A';
s++;
}
}
main()
{ char str1[100]="abcddfefdbd",c='d';
  ss(str1,c);
  printf("%s\n",str1);
}
```

程序运行后的输出结果是（　　　）。

　　A. ABCDDEFEDBD　　　　　　　　B. abcDDfefDbD

　　C. abcAAfefAbA　　　　　　　　D. Abcddfefdbd

二、填空题（每空 2 分，共计 30 分）

1. 算法的基本特征是可行性、确定性、 **【1】** 和拥有足够的情报。

2. 在长度为 n 的有序线性表中进行二分查找。在最坏的情况下，需要的比较次数为 【2】 。

3. 在面向对象的程序设计中，类描述的是具有相似性质的一组 【3】 。

4. 通常，将软件产品从提出、实现、使用维护到停止使用退役的过程称为 【4】 。

5. 数据库管理系统常见的数据模型有层次模型、网状模型和 【5】 3 种。

6. 下列程序的输出结果是 【6】 。

```
main ()
{ char b [ ] ="Hello you";
  b [5] =0;
printf ("%s \ n",b);
}
```

7. 以下程序的输出结果是 【7】 。

```
main()
{ int a=0;
  a+=(a=8);
printf("%d \ n",a);
}
```

8. 函数 void fun(float *sn, int n)的功能是根据以下公式计算 s，计算结果通过形参指针 sn 传回；n 通过形参传入，n 的值大于等于 0。请填空。

```
void fun( float *sn, int n)
{ float s=0.0, w, f=-1.0;
  int i=0;
  for(i=0; i<=n; i++)
{ f= 【8】 *f;
w=f/(2*i+1);
s+=w;
}
【9】 =s;
}
```

9. 函数 fun 的功能是根据以下公式求 p 的值，结果由函数值返回。m 与 n 为两个正数且要求 m>n。

例如：m=12，n=8 时，运行结果应该是 495.000 000。请在题目的空白处填写适当的程序语句，将该程序补充完整。

```
#include
#include
float fun (int m, int n)
{ int i;
  double p=1.0;
  for(i=1; i<=m; i++) 【10】 ;
  for(i=1; i<=n; i++) 【11】 ;
  for(i=1; i<=m-n; i++)p=p/i;
```

```
    return p;
    }
main ()
{ clrscr();
printf ("p=%f \ n",fun (12,8));
}
```

10. 该程序运行的结果是 __【12】__。

```
#include
#include
#define M 100
void fun(int m, int *a, int *n)
{ int i,j=0;
  for(i=1;i<=m;i++)
  if(i%7==0||i==0)
  a[j++]=i;
  *n=j;
}
main()
{ int aa[M],n,k;
clrscr();
fun(10,aa,&n);
for(k=0;k if((k+1)==0)printf(" \ n");
else printf("M",aa[k]);
printf(" \ n");
}
```

11. 下列程序的功能是求出 ss 所指字符串中指定字符的个数，并返回此值。
例如，若输入字符串 123412132，输入字符 1，则输出 3，请填空。

```
#include
#include
#define M 81
int fun(char *ss, char c)
{ int i=0;
  for(; __【13】__ ;ss++)
  if(*ss==c)i++;
  return i;
}
main()
{ char a[M], ch;
  clrscr();
  printf(" \ nPlease enter a string: "); gets(a);
  printf(" \ nPlease enter a char: "); ch=getchar();
  printf(" \ nThe number of the char is: %d \ n", fun(a,ch));
}
```

12. 下面程序把从终端读入的文本（用@作为文本结束标志）输出到一个名为 bi.dat 的新文件中，请填空。

```
#include "stdio.h"
FILE *fp;
{ char ch;
if((fp=fopen( 【14】 ))==NULL)exit(0);
while((ch=getchar())!='@')fputc (ch,fp);
fclose(fp);
}
```

13. 设有如下宏定义：

```
#define MYSWAP(z,x,y)
{z=x; x=y; y=z;}
```

以下程序段通过宏调用实现变量 a，b 内容交换，请填空。

```
float a=5,b=16,c;
MYSWAP( 【15】 ,a,b);
```

参考答案

一、选择题
1～10　C D B D D C D C C D
11～20　C A B B B B B A C B
21～30　D D B D C A C A A D
31～35　C A B D B

二、填空题
【1】～【5】　有穷性　log₂n　对象　软件生命周期　关系模型
【6】～【10】　Hello　16　−1　*sn　p=p*i
【11】～【15】　p=p/i　7　*s,s!='\0'　bi.dat,w 或者 bi.dat,w+　c

全国计算机等级考试二级
C 语言笔试模拟试卷 2

一、选择题（每题 2 分，共计 70 分）

1. 在深度为 5 的满二叉树中，叶子节点的个数为（　　）。

    A. 32   B. 31   C. 16   D. 15

2. 若某二叉树的前序遍历访问顺序是 abdgcefh，中序遍历访问顺序是 dgbaechf，则其后序遍历的节点访问顺序是（　　）。

    A. bdgcefha   B. gdbecfha   C. bdgaechf   D. gdbehfca

3. 一些重要的程序语言（如 C 语言和 PASCAL 语言）允许过程的递归调用。而实现递归调用中的存储分配通常用（　　）。

    A. 栈   B. 堆   C. 数组   D. 链表

4. 软件工程的理论和技术性研究的内容主要包括软件开发技术和（　　）。

    A. 消除软件危机   B. 软件工程管理

    C. 程序设计自动化   D. 实现软件可重用

5. 开发软件时对提高开发人员工作效率至关重要的是（　　）。

    A. 操作系统的资源管理功能   B. 先进的软件开发工具和环境

    C. 程序人员的数量   D. 计算机的并行处理能力

6. 在软件测试设计中，软件测试的主要目的是（　　）。

    A. 实验性运行软件   B. 证明软件正确

    C. 找出软件中的全部错误   D. 发现软件错误而执行程序

7. 数据处理的最小单位是（　　）。

    A. 数据   B. 数据元素   C. 数据项   D. 数据结构

8. 索引属于（　　）。

    A. 模式   B. 内模式   C. 外模式   D. 概念模式

9. 下述关于数据库系统的叙述中，正确的是（　　）。

    A. 数据库系统减少了数据冗余

    B. 数据库系统避免了一切冗余

    C. 数据库系统中数据的一致性是指数据类型一致

    D. 数据库系统比文件系统能管理更多的数据

10. 数据库系统的核心是（　　　）。

    A. 数据库　　　　　B. 数据库管理系统　　C. 模拟模型　　　　　D. 软件工程

11. C 语言规定，在一个源程序中，main 函数的位置（　　　）。

    A. 必须在最开始　　　　　　　　　　　B. 必须在系统调用的库函数的后面

    C. 可以在任意位置　　　　　　　　　　D. 必须在最后

12. 下列数据中，不合法的 C 语言实型数据是（　　　）。

    A. 0.123　　　　　　B. 123e3　　　　　　C. 2.1e3.5　　　　　D. 789.0

13. 下面 4 个选项中，均是不合法的用户标识符的选项是（　　　）。

    A. AP_0do　　　　　B. floatla0_A　　　　C. b-agotoint　　　　D. _123tempint

14. 设变量 a 是 int 型，f 是 float 型，i 是 double 型，则表达式 10+'a'+i*f 值的数据类型为（　　　）。

    A. int　　　　　　　B. float　　　　　　C. double　　　　　　D. 不确定

15. 能正确表示逻辑关系 "a≥10 或 a≤0" 的 C 语言表达式是（　　　）。

    A. a > =10 or a < =0　　　　　　　　　B. a > =0|a < =10

    C. a > =10 &&a < =0　　　　　　　　　D. a > =10‖a < =0

16. 设以下变量均为 int 类型，表达式的值不为 7 的是（　　　）。

    A. (x=y=6,x+y,x+1)　　　　　　　　B. (x=y=6,x+y,y+1)

    C. (x=6,x+1,y=6,x+y)　　　　　　　D. (y=6,y+1,x=y,x+1)

17. 若有说明：int *p,m=5,n;，以下程序段正确的是（　　　）。

    A. p=&n;scanf("%d",&p);　　　　　　B. p=&n;scanf("%d",*p)

    C. scanf("%d",&n);*p=n;　　　　　　D. p=&n;*p=m;

18. 若变量 a 是 int 类型，并执行了语句：a='A'+1.6;，则下列叙述正确的是（　　　）。

    A. a 的值是字符 C　　　　　　　　　　B. a 的值是浮点型

    C. 不允许字符型和浮点型相加　　　　　D. a 的值是字符'A'的 ASCII 码值加上 1

19. 有如下程序：

```
main()
{
int a=2,b=-1,c=2;
if(a < b)
if(b < 0)
c=0;
else
c++;
printf("%d\n",c);
}
```

该程序的输出结果是（　　　）。

    A. 0　　　　　　　　B. 1　　　　　　　　C. 2　　　　　　　　D. 3

20. 有如下程序：

```
main()
```

```
{
   int x=23;
   do
{ printf("%d",x--);} while(!x);
}
```

该程序的执行结果是（   ）。

    A. 321   B. 23

    C. 不输出任何内容   D. 陷入死循环

21. 有一堆零件（100 到 200 之间），如果分成 4 个零件一组的若干组，则多 2 个零件；若分成 7 个零件一组，则多 3 个零件；若分成 9 个零件一组，则多 5 个零件。下面程序是求这堆零件的总数，在下划线处应填入的选项是（   ）。

```
#include"stodio.h"
main()
{
int i;
for(i=100;i<200;i++)
if((i-2)%4==0)
if(!((i-3)%7))
if(_____)
printf("%d",i);
}
```

    A. i%9=5   B. i%9!=5   C. (i-5)%9!=0   D. (i-5)%9==0

22. 若变量 c 为 char 类型，能正确判断出 c 为小写字母的表达式是（   ）。

    A. 'a'<=c<='z'   B. (c>='a')|| c<='z')

    C. ('a'<=c)and('z'>=c)   D. (c>='a')&&(c<='z')

23. 下面程序段的运行结果是（   ）。

```
char a[]="language",*p;
p=a;
while (*p!='u') {printf("%c",*p-32);p++;}
```

    A. LANGUAGE   B. language   C. LAN   D. langUAGE

24. 下面程序段的运行结果是（   ）。

```
char str [ ]="ABC",*p=str;
printf ("%d\n",* (p+3));
```

    A. 67   B. 0   C. 字符'C'的地址   D. 字符'C'

25. 以下定义语句不正确的是（   ）。

    A. double x [5]={2.0,4.0,6.0,8.0,10.0};   B. int y [5.3]={0,1,3,5,7,9};

    C. char c1 [ ]={'1','2','3','4','5'};   D. char c2 [ ]={'\x10','\xa','\x8'};

26. 有以下语句，其中对 a 数组元素的引用不正确的是（ 0≤i≤9 ）（   ）。

```
int a [10]={0,1,2,3,4,5,6,7,8,9},*p=a;
```

    A. a [p-a]   B. *(&a [i])   C. p [i]   D. *(*(a+i))

27. 当说明一个结构体变量时系统分配给它的内存是（　　　　）。

    A. 各成员所需内存量的总和　　　　　　B. 结构中第一个成员所需内存量

    C. 成员中占内存量最大者所需的容量　　D. 结构中最后一个成员所需内存量

28. 有以下程序：

```
fun(int x,int y,int z)
{ z=x*y; }
main()
{
  int a=4,b=2,c=6;
  fun(a,b,c);
  printf("%d",c);
}
```

程序运行后的输出结果是（　　　　）。

    A. 16　　　　　　　B. 6　　　　　　　C. 8　　　　　　　D. 12

29. 下列代码中函数 fun 的返回值是（　　　　）。

```
fun(char *a,char *b)
{
int num=0,n=0;
while(*(a+num)!='\0')num++;
while(b[n]){*(a+num)=b[n]; num++; n++;}
return num;
}
```

    A. 字符串 a 的长度　　　　　　　　　B. 字符串 b 的长度

    C. 字符串 a 和 b 的长度之差　　　　　D. 字符串 a 和 b 的长度之和

30. 以下叙述中不正确的是（　　　　）。

    A. 预处理命令行都必须以#号开始

    B. 在程序中凡是以#号开始的语句行都是预处理命令行

    C. 宏替换不占用运行时间，只占用编译时间

    D. 以下定义是正确的：# define PI 3.1415926;

31. 下列程序的输出结果是（　　　　）。

```
main()
{
int a[5]={2,4,6,8,10},*p,**k;
p=a;
k=&p;
printf("%d",*(p++));
printf("%d\n",**k);
}
```

    A. 4　　　　　　　B. 22　　　　　　　C. 24　　　　　　　D. 46

32. 下面程序段的运行结果是（　　　　）。

```
char *p="abcdefgh";
```

```
p+=3;
printf("%d\n",strlen(strcpy(p,"ABCD")));
```

   A. 8   B. 12   C. 4   D. 7

33. 下列函数的运行结果是（　　　　）。

```
main()
{
int i=2,p;
int j,k;
j=i;
k=++i;
p=f(j,k);
printf("%d",p);
}
int f(int a,int b)
{
int c;
if(a>b)c=1;
else if(a==b)c=0;
else c=-1;
return(c);
}
```

   A. -1   B. 1

   C. 2   D. 编译出错，无法运行

34. 已知函数的调用形式：fread (buf,size,count,fp)，其中参数 buf 的含义是（　　　　）。

   A. 一个整型变量，代表要读入的数据项总数

   B. 一个文件指针，指向要读的文件

   C. 一个指针，指向要读入数据的存放地址

   D. 一个存储区，存放要读的数据项

35. 有如下程序：

```
#define N2
#define MN+1
#define NUM2*M+1
main()
{
  int i;
  for(i=1;i<=NUM;i++)printf("%d\n",i);
}
```

该程序中的 for 循环执行的次数是（　　　　）。

   A. 5   B. 6   C. 7   D. 8

二、填空题（每空 2 分，共计 30 分）

1. 在树形结构中，树根节点没有 ___【1】___ 。

2. Jackson 结构化程序设计方法是英国人 M.Jackson 提出的，它是一种面向 ___【2】___ 的

设计方法。

3. 面向对象的模型中，最基本的概念是对象和 ___【3】___ 。

4. 软件设计模块化的目的是 ___【4】___ 。

5. 数据模型按不同应用层次分成 3 种类型，它们是概念数据模型、 ___【5】___ 和物理数据模型。

6. 以下程序段的输出结果是 ___【6】___ 。

```
main ()
{
    int a=2, b=3, c=4;
    a*=16+(b++)-(++c);
    printf("%d",a);
}
```

7. 以下程序中若变量 n 的值为 24，则 print() 函数共输出 ___【7】___ 行，最后一行有 ___【8】___ 个数。

```
void print （int n,int aa[]）
{
int i;
for (i=1; i<1; i++)
{
printf ("m", aa[i]);
if(!(i%5)) printf ("\n");
}
printf ("\n");
}
```

8. 设 i, j, k 均为 int 型变量，则执行完下面的 for 语句后，k 的值为 ___【9】___ 。

```
for(i=0, j=10; i<=j; i++,j--)k=i+j;
```

9. 下面函数的功能是找出一维数组元素中最大的值和它所在的下标，最大值和它所在的下标通过形参传回。数组元素中的值已在主函数中赋予。主函数中 x 是数组名，n 是 x 中的数据个数，max 存放最大值，index 存放最大值所在元素的下标。请填空完成程序。

```
#include
#include
void fun(int a[],int n, int *max, int *d)
{
    int i;
    *max=a[0];
    *d=0;
    for(i=0; ___【10】___ ; i++)
    if(*max< ___【11】___ )
    {*max=a[i];*d=i;}
}
```

```
    main()
    {
        int i, x[20], max, index, n=10;
        randomize();
        for(i=0; i {
        x[i]=rand()P; printf("M",x[i]);
        }
        printf("\n");
        fun(x,n,&max,&index);
        printf("Max=),Index=M\n",max,index);
    }
```

10. 以下程序的输出结果是 ___【12】___ 。

```
void fun()
{
static int a=0;
a+=2; printf("%d",a);
}
main()
{
int cc;
for(cc=1; cc<4; cc++)fun();
printf("\n");
}
```

11. 以下程序的输出结果是 ___【13】___ 。

```
#define MAX(x,y)(x) > (y)?(x):(y)
main()
{
  int a=5,b=2,c=3,d=3,t;
  t=MAX(a+b,c+d)*10;
  printf("%d\n",t);
}
```

12. 用以下语句调用库函数 malloc，使字符指针 st 指向具有 11 个字节的动态存储空间。请填空完成语句。

```
st=(char*) ___【14】___ ;
```

13. 以下程序段打开文件后，先利用 fseek 函数将文件位置指针定位在文件末尾，然后调用 ftell 函数返回当前文件位置指针的具体位置，从而确定文件长度。请填空完成程序。

```
FILE *myf; long f1;
myf= ___【15】___ ("test.t","rb");
fseek(myf,0,SEEK_END); f1=ftell(myf);
fclose(myf);
printf("%d\n",f1);
```

参考答案

一、选择题

1～10　B D A B B D C B B B

11～20　C C C C D C D D C B

21～30　D D C B B D A B D D

31～35　C C A C B

二、填空题

【1】～【5】　父节点　数据结构　类　降低复杂性　逻辑数据模型

【6】～【10】　28　5　4　10　i < n

【11】～【15】　a[i]　2,4,6　7　malloc(11)或者 malloc(sizeof(char)*11)　fopen

全国计算机等级考试二级 C 语言笔试模拟试卷 3

一、选择题（每题 2 分，共计 70 分）

1. 假设线性表的长度为 n，则在最坏情况下，冒泡排序需要的比较次数为（　　）。

    A. $\log_2 n$　　　　　　B. n^2　　　　　　C. $O(n^{1.5})$　　　　　　D. $n(n-1)/2$

2. 算法分析的目的是（　　）。

    A. 找出数据结构的合理性　　　　　　B. 找出算法中输入和输出之间的关系

    C. 分析算法的易懂性和可靠性　　　　D. 分析算法的效率以求改进

3. 线性表 L=(a1,a2,a3,…ai,…,an)，下列说法正确的是（　　）。

    A. 每个元素都有一个直接前件和直接后件

    B. 线性表中至少要有一个元素

    C. 表中诸元素的排列顺序必须是由小到大或由大到小

    D. 除第一个元素和最后一个元素外，其余每个元素都有一个且只有一个直接前件和直接后件

4. 在单链表中，增加头节点的目的是（　　）。

    A. 方便运算的实现　　　　　　B. 使单链表至少有一个节点

    C. 标识表节点中首节点的位置　　D. 说明单链表是线性表的链式存储实现

5. 软件工程的出现是由于（　　）。

    A. 程序设计方法学的影响　　　　B. 软件产业化的需要

    C. 软件危机的出现　　　　　　　D. 计算机的发展

6. 软件开发离不开系统环境资源的支持，其中必要的测试数据属于（　　）。

    A. 硬件资源　　　B. 通信资源　　　C. 支持软件　　　D. 辅助资源

7. 在数据流图（DFD）中，带有名字的箭头表示（　　）。

    A. 模块之间的调用关系　　　　B. 程序的组成成分

    C. 控制程序的执行顺序　　　　D. 数据的流向

8. 分布式数据库系统不具有的特点是（　　）。

    A. 数据分布性和逻辑整体性　　　B. 位置透明性和复制透明性

    C. 分布性　　　　　　　　　　　D. 数据冗余

9. 关系表中的每一横行称为一个（　　）。

　　A. 元组　　　　　　　B. 字段　　　　　　　C. 属性　　　　　　　D. 码

10. 下列数据模型中，具有坚实理论基础的是（　　）。

　　A. 层次模型　　　　　B. 网状模型　　　　　C. 关系模型　　　　　D. 以上三个都是

11. 以下叙述不正确的是（　　）。

　　A. 一个 C 语言源程序可由一个或多个函数组成

　　B. 一个 C 语言源程序必须包含一个 main 函数

　　C. C 语言程序的基本组成单位是函数

　　D. 在 C 语言程序中，注释说明只能位于一条语句的后面

12. 在 C 语言中，int、char 和 short 三种类型数据在内存中所占用的字节数（　　）。

　　A. 由用户自己定义　　　　　　　　　　B. 均为 2 个字节

　　C. 是任意的　　　　　　　　　　　　　D. 由所用机器的机器字长决定

13. 以下叙述正确的是（　　）。

　　A. 在 C 语言程序中，每行中只能写一条语句

　　B. 若 a 是实型变量，C 语言程序中允许赋值 a=10，因此实型变量中允许存放整型数据

　　C. 在 C 语言程序中，无论是整数还是实数，都能被准确无误地表示

　　D. 在 C 语言程序中，%是只能用于整数运算的运算符

14. C 语言中的标识符只能由字母、数字和下划线 3 种字符组成，且第一个字符（　　）。

　　A. 必须为字母　　　　　　　　　　　　B. 必须为下划线

　　C. 必须为字母或下划线　　　　　　　　D. 可以是字母、数字和下划线中任意字符

15. 已知各变量的类型说明如下：

```
int k,a,b;
unsigned long w=5;
double x=1.42;
```

则以下不符合 C 语言语法的表达式是（　　）。

　　A. x%(–3)　　　　　　　　　　　　　　B. w+= –2

　　C. k=(a=2,b=3,a+b)　　　　　　　　　D. a+=a–=(b=4)*(a=3)

16. x，y，z 被定义为 int 型变量，若从键盘给 x，y，z 输入数据，正确的输入语句是（　　）。

　　A. INPUT x，y，z;　　　　　　　　　　B. scanf("%d%d%d",&x,&y,&z);

　　C. scanf("%d%d%d",x,y,z);　　　　　　D. read("%d%d%d",&x,&y,&z);

17. 设 x，y 均为整型变量，且 x=10，y=3，则以下语句的输出结果是（　　）。

```
printf("%d,%d\n",x--,--y);
```

　　A. 10,3　　　　　　　B. 9,3　　　　　　　C. 9,2　　　　　　　D. 10,2

18. 以下程序的输出结果是（　　）。

```
main()
{ int a=4,b=5,c=0,d;
```

```
  d=!a&&!b||!c;
  printf("%d\n",d);
}
```

    A. 1   B. 0   C. 非 0 的数   D. −1

19. 执行下列程序时输入 123 < 空格 > 456 < 空格 > 789 < 回车 >，输出结果是（   ）。

```
main()
{ char s[100]; int c, i;
  scanf("%c",&c); scanf("%d",&i); scanf("%s",s);
  printf("%c,%d,%s\n",c,i,s);
}
```

    A. 123,456,789   B. 1,456,789   C. 1,23,456,789   D. 1,23,456

20. 下面有关 for 循环的描述，正确的是（   ）。

    A. for 循环只能用于循环次数已经确定的情况

    B. for 循环是先执行循环体语句，后判断表达式

    C. 在 for 循环中，不能用 break 语句跳出循环体

    D. for 循环的循环体语句中，可以包含多条语句，但必须用花括号括起来

21. 以下程序的输出结果是（   ）。

```
main()
{ int i,j,x=0;
  for(i=0; i<2; i++)
    { x++;
      for(j=0; j<3; j++)
      { if(j%2)continue;
        x++;
      }
  x++;
  }
printf("x=%d\n",x);
}
```

    A. x=4   B. x=8   C. x=6   D. x=12

22. 设有以下程序段：

```
int x=0,s=0;
while(!x!=0)s+=++x;
printf("%d",s);
```

则（   ）。

    A. 运行程序段后输出 0   B. 运行程序段后输出 1

    C. 程序段中的控制表达式是非法的   D. 程序段执行无限次

23. 若有以下定义，则能使值为 3 的表达式是（   ）。

```
int k=7,x=12;
```

    A. x%=(k%=5)   B. x%=(k-k%5)   C. x%=k-k%5   D. (x%=k)-(k%=5)

24. 以下描述中正确的是（   ）。

A. 由于 do-while 循环中循环体语句只能是一条可执行语句，所以循环体内不能使用复合语句

B. do-while 循环由 do 开始，由 while 结束，在 while（表达式）后面不能写分号

C. 在 do-while 循环体中，是先执行一次循环，再进行判断

D. 在 do-while 循环中，根据情况可以省略 while

25. 以下叙述正确的是（   ）。

A. 函数可以嵌套定义但不能嵌套调用

B. 函数既可以嵌套调用也可以嵌套定义

C. 函数既不可以嵌套定义也不可以嵌套调用

D. 函数可以嵌套调用但不可以嵌套定义

26. 以下程序的运行结果是（   ）。

```
sub(int x,int y,int *z)
{*z=y-x;}
main()
{ int a,b,c;
  sub(10,5,&a);
  sub(7,a,&b);
  sub(a,b,&c);
printf("M,M,M\n",a,b,c);
}
```

A. 5,2,3   B. −5,−12,−7   C. −5,−12,−17   D. 5,−2,−7

27. 对下列程序表述正确的是（   ）。

```
int i,x;
for(i=0,x=0; i<=9&&x!=876; i++)scanf("%d",x);
```

A. 最多执行 10 次   B. 最多执行 9 次

C. 无限循环   D. 循环体一次也不执行

28. 对下面程序的描述，正确的是（每行程序前面的数字表示行号）（   ）。

```
① main()
② {
③ float a[3]={0.0};
④ int i;
⑤ for(i=0; i<3; i++)scanf("%d",&a[i]);
⑥ for(i=1; i<3; i++)a[0]=a[0]+a[i];
⑦ printf("%f\n",a[0]);
⑧ }
```

A. 没有错误   B. 第 3 行有错误

C. 第 5 行有错误   D. 第 7 行有错误

29. 下面程序的输出结果为（   ）。

```
main()
```

```
{ int a,b;b=(a=3*5,a*4,a*5);
printf("%d",b);
}
```

  A. 60   B. 75   C. 65   D. 无确定值

30. 下面程序的输出结果为（   ）。

```
struct st
{ int x;
  int *y;
} *p;
int dt[4]={10,20,30,40};
struct st aa[4]={50,&dt[0],60,&dt[1],70,&dt[2],80,&dt[3]};
main()
{ p=aa;
printf("%d\n",++p->x);
printf("%d\n",(++p)->x);
printf("%d\n",++(*p->y));
}
```

  A. 10 20 20   B. 50 60 21   C. 51 60 21   D. 60 70 31

31. 下面程序的输出结果为（   ）。

```
#include
#include
main()
{ char *p1="abc",*p2="ABC",str[50] = "xyz";
  strcpy(str+2,strcat(p1,p2));
printf("%s\n",str);}
```

  A. xyzabcABC   B. zabcABC   C. xyabcABC   D. yzabcABC

32. 以下程序的输出结果为（   ）。

```
long fun( int n)
{ long s;
if(n==1||n==2)s=2;
else s=n-fun(n-1);
return s;}
main()
{ printf("%ld\n", fun(3)); }
```

  A. 1   B. 2   C. 3   D. 4

33. 有如下程序：

```
main()
{ char ch[2][5]={"6937","8254"},*p[2];
  int i,j,s=0;
  for(i=0; i<2; i++)p[i]=ch[i];
  for(i=0; i<2; i++)
  for(j=0; p[i][j] >'\0'; j+=2)
```

```
s=10*s+p[i][j]-'0';
printf("%d\n",s);}
```

该程序的输出结果是（   ）。

    A. 69825   B. 63825   C. 6385   D. 693825

34. 以下程序的输出结果是（   ）。

```
union myun
{ struct
{ int x, y, z; } u;
int k;
} a;
main()
{ a.u.x=4; a.u.y=5; a.u.z=6;
  a.k=0;
printf("%d\n",a.u.x);}
```

    A. 4   B. 5   C. 6   D. 0

35. 下面的程序执行后，文件 test 中的内容是（   ）。

```
#include"stdio.h"
void fun(char *fname,char *st)
{ FILE *myf; int i;
  myf=fopen(fname,"w");
  for(i=0; i<strlen(st); i++)
  fputc(st[i],myf);
  fclose(myf);
}
main()
{ fun("test","new world"); fun("test","hello,");}
```

    A. hello,   B. new worldhello,

    C. new world   D. hello, rld

二、填空题（每空 2 分，共计 30 分）

1. 在算法正确的前提下，评价一个算法的两个标准是 ___【1】___ 。

2. 将代数式 $Z = \sqrt{(x^2 + y^2) \div a + b}$ 转换成程序设计中的表达式为 ___【2】___ 。

3. 软件危机出现于 20 世纪 60 年代末，为了解决软件危机，人们提出了___【3】___的原理来设计软件，这就是软件工程诞生的基础。

4. ___【4】___是数据库设计的核心。

5. 在关系模型中，把数据看成一个二维表，每一个二维表称为一个___【5】___。

6. 以下程序段的输出结果是 ___【6】___ 。

```
int x=17,y=26;
printf("%d",y/=(x%=6));
```

7. 下面程序的输出结果是 ___【7】___ 。

```
main()
{ enum team {y1=4,y2,y3};
```

```
printf ("%d",y3);}
```

8. 若有以下程序段：

```
int c1=1,c2=2,c3;
c3=1.0/c2*c1;
```

则执行后，c3 中的值是 　【8】　 。

9. 若有以下定义：

```
char a; int b;
float c; double d;
```

则表达式 a*b+d−c 值的类型为 　【9】　 。

10. 以下函数用来在 w 数组中插入 x。n 所指向的存储单元中存放 w 数组中的字符个数。数组 w 中的字符已按从小到大的顺序排列，插入后数组 w 中的字符仍有序。请填空完成代码。

```
void fun(char *w, char x, int *n)
{ int i, p;
p=0;
w[*n] = x;
while(x > w[p])p++;
for(i=*n; i>p; i--)w[i]=　【10】　;
w[p]=x;
++*n;
}
```

11. 以下程序的输出结果是 　【11】　 。

```
main()
{ int x=100, a=10, b=20, ok1=5, ok2=0;
if(a else if(ok2)x=10;
else x=-1;
printf("%d\n", x);
)
```

12. 以下程序的输出结果是 　【12】　 。

```
main()
{ int y=9;
for(; y>0; y--)
if (y%3==0)
{ printf("%d", --y); continue;}
}
```

13. 以下函数的功能是 　【13】　 。

```
float av(a, n)
float a[];
int n;
{ int i; float s;
  for(i=0,s=0; i<n; i++)
```

```
  s=sta[i] return s/n;
}
```

14. 以下程序的输出结果是　　【14】　　。

```
#define PR(ar)printf("%d,",ar)
main()
{ int j, a[]={1, 3, 5, 7, 9, 11, 15}, *p=a+5;
  for(j=3; j; j--)
  switch(j)
  { case 1:
    case 2: PR(*p++); break;
    case 3: PR(*(--p));
  }
  printf("\n");
}
```

15. 以下程序的功能是处理由学号和成绩组成的学生记录，N 名学生的数据已在主函数中放入结构体数组 s 中，它的功能是把分数最高的学生数据放在 h 所指的数组中。注意：分数最高的学生可能不止一个，函数返回分数最高学生的人数。请填空完成程序。

```
#include"stdio.h"
#define N 16
typedef struct
{ char num[10];
  int s;
} STREC;
int fun(STREC *a, STREC *b)
{ int i,j=0,max=a[0].s;
  for(i=0; i<N; i++)
  if(max<a[i].s)
  for(i=0; i<N; i++)
  max=a[i].s;
  if(　【15】　)
  b[j++]=a[i];
  return j;
}
main()
{STREC s[N]={{"GA005",85},{"GA003",76},{"GA002",69},{"GA004",85},
{"GA001",91},{"GA007",72},{"GA008",64},{"GA006",87},
{"GA015",85},{"GA013",91},{"GA012",64},{"GA014",91},
{"GA011",66},{"GA017",64},{"GA018",64},{"GA016",72}
};
STREC h[N];
int i,n; FILE *out;
n=fun(s,h);
printf("The %d highest score:\n",n);
```

```
for (i=0; i printf("%s M\n ",h[i].num,h[i].s);
printf("\n");
out=fopen("out15.dat", "w");
fprintf(out, "%d\n",n);
for(i=0; i fprintf(out,"M\n",h[i].s);
fclose(out);
}
```

参考答案

一、选择题

1～10　D D D A C D D D A C

11～20　D D D C A B D A D D

21～30　B B D C D B A C B C

31～35　C A C D A

二、填空题

【1】～【5】　时间复杂度和空间复杂度　sqrt(x^2+y^2)/(a+b)　软件工程学　数据模型　关系

【6】～【10】　5　6　0　双精度或者 double　w[i=1]

【11】～【15】　−1　8,5,2　求数组元素平均值　9,9,11　max==a[i].s

全国计算机等级考试二级
C 语言笔试模拟试卷 4

一、选择题（每题 2 分，共计 70 分）

1. 循环链表的主要优点是（　　）。

    A. 不再需要头指针了

    B. 从表中任一节点出发都能访问到整个链表

    C. 在进行插入、删除运算时，能更好地保证链表不断开

    D. 已知某个节点的位置后，能够容易地找到它的直接前件

2. 栈底至栈顶依次存放元素 A、B、C、D，在第 5 个元素 E 入栈前，栈中元素可以出栈，则出栈序列可能是（　　）。

    A. ABCED　　　　　B. DCBEA　　　　　C. DBCEA　　　　　D. CDABE

3. n 个顶点的强连通图的边数至少有（　　）。

    A. $n-1$　　　　　B. $n(n-1)$　　　　　C. n　　　　　D. $n+1$

4. 在结构化程序设计思想提出之前，在程序设计中曾强调程序的效率。现在，与程序的效率相比，人们更重视程序的（　　）。

    A. 安全性　　　　　B. 一致性　　　　　C. 可理解性　　　　　D. 合理性

5. 模块独立性是软件模块化所提出的要求，衡量模块独立性的度量标准则是模块的（　　）。

    A. 抽象和信息隐蔽　　　　　　　　B. 局部化和封装化

    C. 内聚性和耦合性　　　　　　　　D. 激活机制和控制方法

6. 软件开发的结构化生命周期方法将软件生命周期划分成（　　）。

    A. 定义、开发、运行维护　　　　　B. 设计阶段、编程阶段、测试阶段

    C. 总体设计、详细设计、编程调试　　D. 需求分析、功能定义、系统设计

7. 在软件工程中，白箱测试法可用于测试程序的内部结构。此方法将程序看作是（　　）。

    A. 路径的集合　　　　　　　　　　B. 循环的集合

    C. 目标的集合　　　　　　　　　　D. 地址的集合

8. 在数据管理技术发展过程中，文件系统与数据库系统的主要区别是数据库系统具有（　　）。

A. 特定的数据模型　　　　　　　　　　B. 数据无冗余

C. 数据可共享　　　　　　　　　　　　D. 专门的数据管理软件

9. 数据库设计包括两个方面的设计内容，它们是（　　　）。

A. 概念设计和逻辑设计　　　　　　　　B. 模式设计和内模式设计

C. 内模式设计和物理设计　　　　　　　D. 结构特性设计和行为特性设计

10. 实体是信息世界中广泛使用的一个术语，它用于表示（　　　）。

A. 有生命的事物　　　　　　　　　　　B. 无生命的事物

C. 实际存在的事物　　　　　　　　　　D. 一切事物

11. C 语言中提供的关键字是（　　　）。

A. switch　　　　　B. char　　　　　C. case　　　　　D. default

12. 有以下 4 组用户标识符，其中合法的一组是（　　　）。

A. For-subCase　　　　　　　　　　　B. 4dDOSize

C. f2_G3Ifabc　　　　　　　　　　　　D. WORDvoiddefine

13. 若有定义：int a=8,b=5,c;，执行语句 c=a/b+0.4;后，c 的值为（　　　）。

A. 1.4　　　　　B. 1　　　　　C. 2.0　　　　　D. 2

14. 已知各变量的类型如下：

```
int i=8,k,a,b;
unsigned long w=5;
double x=1.42,y=5.2;
```

则以下符合 C 语言语法的表达式是（　　　）。

A. a+=a-=(b=4)*(a=3)　　　　　　　　B. a=a*3+2

C. x%(-3)　　　　　　　　　　　　　　D. y=float(i)

15. 设 i 是 int 型变量，f 是 float 型变量，用下面的语句给这两个变量输入值：scanf("i=%d,f=%f",&i,&f);。为了把 100 和 765.12 分别赋予 i 和 f，则正确的输入为（　　　）。

A. 100　765.12　　　　　　　　　　　B. i=100,f=765.12

C. 100　765.12　　　　　　　　　　　D. x=100, y=765.12

16. 下列程序的输出结果是（　　　）。

```
main()
{
int a=2;a%=4-1;
printf("%d",a);a+=a*=a-=a*=3;
printf("\n%d",a);
}
```

A. 2,12　　　　　B. −1,12　　　　　C. 1,0　　　　　D. 2,0

17. 若有以下程序：

```
main()
{
  int k=2,i=2,m;
  m=(k+=i*=k);printf("%d,%d\n",m,i);
}
```

执行后的输出结果是（　　　）。

  A. 8,6   B. 8,3   C. 6,4   D. 7,4

18. 以下不正确的 if 语句形式是（　　　）。

  A. if(x > y&&x!=y);

  B. if(x==y)x+=y;

  C. if(x!=y)scanf("%d",&x)else scanf("%d",&y);

  D. if(x!=y)scnf("%d",&x);

19. 以下程序中循环体总的执行次数是（　　　）。

```
int i,j;
for(i=6; i>1; i--)
for(j=0; j < 4; j++)
```

  A. 20   B. 261   C. 15   D. 25

20. 对于下面的程序，说法正确的是（　　　）。

```
main()
{
int x=3,y=4,z=2;
if(x=y+z)printf("x=y+z");
else printf("x!=y+z");
}
```

  A. 不能通过编译   B. 输出 6

  C. 输出 x!=y+z   D. 输出 x=y+z

21. 下列程序的输出结果是（　　　）。

```
main()
{
int a[3],i,j,k=2;
for(i=0; i<3; i++)a[i]=i;
for(i=0; i < 3; i++)
for(j=0; j < k-1; j++)a[j]=a[i];
printf("%d\n ",a[2]);
}
```

  A. 2   B. 3   C. 1   D. 0

22. 标准库函数 fgets(buf,n,fp)的功能是（　　　）。

  A. 从 fp 所指向的文件中读取长度为 n 的字符串存入缓冲区 buf

  B. 从 fp 所指向的文件中读取长度不超过 $n-1$ 的字符串存入缓冲区 buf

  C. 从 fp 所指向的文件中读取 n 个字符串存入缓冲区 buf

  D. 从 fp 所指向的文件中读取长度为 $n-1$ 的字符串存入缓冲区 buf

23. 如下程序的执行结果是（　　　）。

```
main()
{
  static int a[]={1,7,3,9,5,11};
```

```
  int *p=a;
  *(p+3)+=4;
  printf("%d,%d",*p,*(p+3));
}
```

    A. 1,13   B. 1,16   C. 3,13   D. 1,14

24. 下面程序的输出结果是（　　　）。

```
int b=3;
fun(int *k)
{
  int b=2;
  b=*(k++)*b;
  return(b);
}
main()
{
  int a[]={11,12,13,14,15,16};
  b=fun(&a[1])*b;
  printf("%d\n",b);
}
```

    A. 24   B. 72   C. 11   D. 33

25. 执行下列程序段，结果是（　　　）。

```
int x=40;
char y='C';
int n;
n=(x&0xff)&&(y>'B');
printf("%d\n",n);
```

    A. 0   B. 1   C. 2   D. 3

26. 以下能对二维数组 a 进行正确初始化的语句是（　　　）。

    A. int a[2][]={{1,0,1},{5,2,3}};   B. int a[][3]={{1,2,3},{4,5,6}};

    C. int a[2][4]={{1,2,3},{4,5},{6}};   D. int a[][]={{1,0,1}{},{1,1}};

27. 以下程序的执行结果是（　　　）。

```
union un
{
  int i;
  char c[2];
}
main()
{
  union un x;
  x.c[0]=10;
  x.c[1]=1;
  printf("%d",x.i);
}
```

A. 266   B. 11   C. 265   D. 138

28. 与 y=(x>0?1:x<0?-1:0);的功能相同的 if 语句是（　　　）。

A.
```
if (x>0)y=1;
   else if(x<0)y=-1;
   else y=0;
```

B.
```
if(x)
   if(x>0)y=1;
   else if(x<0)y=-1;
```

C.
```
y=-1
   if(x)
      if(x>0)y=1;
      else if(x==0)y=0;
      else y=-1;
```

D.
```
y=0;
   if(x>=0)
   if(x>0)y=1;
   else y=-1;
```

29. 下面程序的执行结果是（　　　）。

```
#define SUM(X) X*X
main()
{
int a=6; int i=1,j=2;
a+=SUM(i+j)/SUM(i+j);
printf("%d\n",a);
}
```

A. 15   B. 2   C. 7   D. 0

30. 下列程序段的输出结果是（　　　）。

```
void fun(int *x, int *y)
{ printf("%d %d",*x,*y); *x=3; *y=4;}
main()
{
  int x=1,y=2;
  fun(&y,&x);
  printf("%d %d",x, y);
}
```

A. 2 1 4 3   B. 1 2 1 2   C. 1 2 3 4   D. 2 1 1 2

31. 下列函数的功能是将字符串 ss 中的特定位置上的字母实行转换（若该位置上不是字母，则不转换）。

```
#include "stdio.h"
#include "string"
void fun ( char *ss)
```

```
{
  int i;
  for(i=0; ss[i]!='\0'; i++){
  if(i%2==1 && ss[i]>='a' && ss[i]<='z')
  ss[i]=ss[i]-32;
  }
}
main()
{
  char tt[51];
  clrscr();
  printf("Please enter an character string within 50 characters:\n");
  gets(tt);
  printf("\n\nAfter changing,the string\n %s",tt);
  fun(tt);
  printf("\nbecomes\n \%s",tt);
}
```

若输入 abc4Efg，则应输出（　　　）。

    A. aBc4Efg   B. abc4Efg   C. ABC4EFG   D. abc4dfg

32. 下面程序的输出结果是（　　　）。

```
fun(int x)
{
  int a=3;
  a*=x;
  return a;
}
main()
{
  int x=2,y=1,n;
  n=fun(x);
  n=fun(y);
  printf("%d\n",n);
}
```

    A. 2   B. 4   C. 3   D. 8

33. 以下程序的输出结果是（　　　）。

```
main()
{
  char *str="12123434";
  int x1=0,x2=0,x3=0,x4=0,i;
  for(i=0;str[i]!='\0';i++)
  switch (str[i])
  {
  case'1': x4++;
  case'2': x3++;
```

```
   case'3': x2++;
   case'4': x1++;
}
printf("%d,%d,%d,%d\n",x1,x2,x3,x4);
}
```

    A. 8,6,4,1   B. 8,6,3,2   C. 8,8,4,1   D. 8,6,4,2

34. 以下程序的输出结果是（   ）。

```
main()
{
char *p="abcdefgh",*r;
long *q;
q=(long*)p;
q++;
r=(char*)q;
printf("%s\n",r);
}
```

    A. defg   B. cdef   C. ghab   D. efgh

35. 下列函数的功能是计算并输出下列多项式值：

$$S_n = \sum_{i=1}^{n}\left(\frac{1}{2i-1} - \frac{1}{2i}\right)$$

例如，若主函数从键盘给 n 输入 8 后，则输出为 s=0.662872。注意：n 的值要求大于 1 但不大于 100。在画线处应填入的选项是（   ）。

```
#include "stdio.h"
double fun(int n)
{
  int i;
  double s=0.0;
  for(i=1; i<=n; i++)
  s=s+____;
  return s;
}
main()
{
  int n; double s;
  printf("\nInput n: "); scanf("%d",&n);
  s=fun(n);
  printf("\ns=%f\n",s);
}
```

    A. 1.0/(2*i-1)-1.0/(2*i)   B. 1.0/(2*i-1)

    C. 1.0/(2*i)   D. 1.0/(2*i)-1.0/(2*i-1)

二、填空题（每空 2 分，共计 30 分）

1. 常用的黑箱测试有等价分类法、___【1】___、因果图法和错误推测法 4 种。

2. 测试的目的是暴露错误，评价程序的可靠性；而___【2】___的目的是发现错误的位

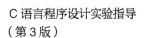

置并改正错误。

3. 软件维护活动包括以下几类：改正性维护、适应性维护、__【3】__维护和预防性维护。

4. 在面向对象的设计中，用来请求对象执行某一处理或回答某些信息的要求称为__【4】__。

5. 关键字 ASC 和 DESC 分别表示__【5】__。

6. 以下程序执行结果为__【6】__。

```
main()
{
int i,j,k;
for(i=0,j=5; i<=j; i++,j--);
printf("k=%d",k=i+j);
}
```

7. 设有以下变量定义，并已赋确定的值。

```
char w; int x; float y; double z;
```

则表达式 w*x+z-y 所求得的数据类型为__【7】__。

8. 以下程序运行后的输出结果是__【8】__。

```
main()
{
char s[]="abcdef";
s[3]='\0';
printf("%s\n",s);
}
```

9. 以下程序运行后的输出结果是__【9】__。

```
void fun(int x,int y)
{
  x=x+y; y=x-y; x=x-y;
  printf("%d,%d,",x,y);
}
main()
{
  int x=2,y=3;
  fun(x,y);
  printf("%d,%d\n",x,y);
}
```

10. 以下程序的功能是从键盘上输入若干个字符（以回车符作为结束）组成一个字符串存入一个字符数组，然后输出该字符数组中的字符串，请填空。

```
#include "stdio.h"
#include "string"
main()
{
```

```
char str _[81]_ , *sptr;
int i;
for(i=0; i<80; i++)
{ str[i]=getchar(); if (str[i]=='\n') break; }
str[i]= 【10】 ; sptr=str;
while(*sptr)putchar(*sptr 【11】 );
}
```

11. 设有定义 "#define F(N)2*N"，则表达式 F(2+3)的值是 __【12】__。

12. 若在程序中用到 putchar()函数，应在程序开头写上包含命令 __【13】__，若在程序中用到 strlen()函数，应在程序开头写上包含命令 __【14】__。

13. 下面的程序用来统计文件中字符的个数，请填空。

```
#include "stdio.h"
main()
{
FILE *fp;
long num=0;
if((fp=fopen("fname.dat","r"))==NULL)
{ printf("Cant't open file!\n"); exit(0); }
while ( 【15】 ){ fgetc(fp); num++; }
printf("num=%ld\n", num);
fclose(fp);
}
```

参考答案

一、选择题
1～10　B B C C C A A A A C
11～20　D C B A B D C C A D
21～30　A D A B B B A A A A
31～35　A C D D A

二、填空题
【1】～【5】　　边值分析法　调试　完善性维护　消息　升序排列和降序排列
【6】～【10】　　k=5　double　abc　3 2 2 3　'\0'
【11】～【15】　++　7　#include"stdio.h"　#include"string.h"　!feof(fp) 1

参考文献

［1］徐建民．C 语言程序设计[M]．北京：电子工业出版社，2002.

［2］迟成文．高级语言程序设计[M]．北京：经济科学出版社，2007.

［3］朱健．C 语言程序设计案例教程[M]．北京：北京交通大学出版社，2007.

［4］杨旭．C 语言程序设计案例教程[M]．北京：人民邮电出版社，2005.

［5］杨开城，张志坤．C 语言程序设计教程（实验与练习）[M]．北京：人民邮电出版社，2002.

［6］谭浩强，张基温．C 语言程序设计教程[M]．2 版．北京：高等教育出版社，2003.

［7］谭浩强．C 语言程序设计[M]．3 版．北京：清华大学出版社，2005.

［8］何钦铭，颜晖．C 语言程序设计[M]．北京：高等教育出版社，2008.

［9］吕凤翥．C 语言基础教程（修订版）[M]．北京：北京大学出版社，1998.

［10］罗杰红．C 程序设计实验与习题[M]．北京：电子工业出版社，2005.

［11］罗杰红．C 语言程序设计实训教程[M]．北京：中国铁道出版社，2008.

［12］陈宝贤．C 语言程序设计教程[M]．北京：人民邮电出版社，2005.